# 地産地消の経済学

生命系の世界からみた環境と経済

池本廣希［著］

新泉社

# はじめに

二一世紀初頭を震撼させたテロ以上のモンスターが、今、世界経済を徘徊している。世界経済のグローバル化とともに「市場経済の世界化」というモンスターが、新自由主義の嵐に乗っかって猛威を奮っているのである。

このモンスターは、世界市場における市場原理主義の徹底とともに、地球規模での格差と貧困と環境の病理をもたらし、それらはまるで癌細胞のごとく、生命系の世界をむしばみはじめている。さらにその猛威は、人の搾取から人の排除に及び、自然の搾取から多くの生き物を絶滅に追い込み、社会環境に止まらず、あらゆる生き物を支える自然環境まで破壊する。

農業分野においてもそれは例外ではない。いやむしろ、自然の法則に順応させなければならない農業分野にあっては、このモンスターの襲来は台風以上の災害をもたらすかもしれない。ただ、台風は恵みもともなうが、果たしてモンスターはどうであろうか。

わが国の農業は、アジア温帯モンスーンのもたらす豊かな水と土の恵みを得て発達してきた。そのモンスーンのもたらす水を森が貯え、その水がため池や地下水を潤す。その水は、狭小な面と急峻な斜面に合わせて築いた中山間地の棚田や平野部の田畑を潤し、私たちのいのちの源となってきた。

稲は、毎年作りつづけても連作障害はなく、一粒から二〇〇〇粒もの収穫を可能とする。単純計算すると、何と三年目には、一粒から八〇億粒もの米が収穫可能なのである。不思議な力をもつ作物である。縄文末期からといわれているわが国の稲作は、今日に至るまで天文学的数値の米を収穫したことになる。アジア的集約農業のなせる技である。この優位性をどうして生かさないのか。耕地面積をいたずらに増やすことに躍起になり、欧米型粗放農業と対抗して何のメリットがあるのか。

今、その歴史的・文化的・風土的環境の積み重ねとともに自然に合わせて築かれてきたわが国の農業が、この優位性を尻目にして、人間の都合に合わせた自然の改造をともなう改革によって変質しようとしている。二〇〇七年七月から始まった農政大改革は、農地・水・環境保全向上対策と同時に、品目横断的経営安定政策に重心を据えたWTO体制下での国際競争力強化と自給率向上を謳っている。経営全体に着目した品目横断的経営安定政策は、直接支払う補助金等の政策支援の対象を四ヘクタール以上（北海道一〇ヘクタール以上）の認定農業者、ないし二〇ヘクタール以上の集落営農に限定し、明確化した担い手の経営の安定を目指す農政大改革である。

しかしこの改革は、集約農業を生かすことなく、逆に耕作放棄や離農を促し、零細農家を切り捨てることになりはしないか。これに対して農地・水・環境保全向上対策は、中山間地の零細農家を生かし、棚田やため池を守らなければ実現可能でない。したがって、この二つの政策は矛盾するのだが、その整合性をどうつけるのか。また、その目的の真の狙いは何なのか。

さらに最近、「限界集落」(六五歳以上の高齢者が五〇パーセント以上を占める集落)という用語が、メディアでも横行している。このたびの農政大改革は、環境保全上重要な中山間地だけでなく、後継者をもたない世代交代とともに都市近郊農村においても「準限界集落」(五五歳以上の中高齢者が五〇パーセント以上を占める集落)が増え、一気に耕作放棄地や脱農が急増するのではなかろうか。その先に、手放された農地や耕作放棄地を一部の認定農家に集積するか、または集落営農として集積を図り、場所によっては株式会社が農業生産法人として農地取得の道を開き、大規模経営を実現し、国際競争力を高め、生き残りをかけようとの狙いなのか。

農産物輸出国の集まるケアンズグループは、二〇〇ヘクタールを超える大規模経営か低労賃でコストダウン可能な国々である。これらの国々に対抗してわが国が、四〜二〇ヘクタール規模の農家・集落に限定し、政策支援をしたとてどれだけコストダウンが可能となり、どれだけ国際競争力が高まるのか、その勝算はあるのか。農地は荒れ、限界集落から耕作放棄地が続出し、廉価な農地を買収するのに格好の市場を土地投機家に提供するのが落ちではないか。この道筋はすでに織り込みずみなのかもしれない。その道行く先に、モンスターがてぐすねひいて待ち構え、その餌食になるのは時間の問題ではないか。

果たして、この農政大改革の道は、「前向きの改革」であろうか。否、「前向きの大敗走」ではなかろうか。この道は、いつか来た道。土から得たものを土に返さず、自然の法則に逆らい、急峻な地形や風土に合わせたアジア的集約農業の利点に目をつぶり、人間の都合に合わせていたずらに規模拡大を求めて、農業の構造を変える改革とはいかなるものか、素朴な疑問が残る。文明の後に砂漠を残し、文明の衰微する道をたどるのか。本書で明らかにする生命系の世界からみた環境と経済、地産地消の経済学とは真っ向から対峙する道である。

最近のメディアの論調も危うい。「わが国の農業が迫り来る国際競争の荒波の中で、零細規模農家のままで果たして生き残れるのか」「規模拡大して国際競争力を強化するしかないのではないのか」との趣旨の報道が耳ざわりだ。そこには、自作農創設による民主主義の基盤を農村においても支えようとした、戦後農地改革の精神は跡形もない。

E・F・シュマッハーは『人間復興の経済』で指摘する。「人間は、文明人であろうと文明をもたない人であろうと自然の子供であり、自然の主人ではない」「文明全体に対する危険は、工業の原理を農業に適用しようとする都会人の決意から生まれる」（一部改訳）。これは、文明人が、人間を自然の法則に順応させるのでなく、それに逆らって人間の都合に合わせて自然を改造することを戒めているのである。

実際、工業の原理を無理やり農業に押し付けるとどうなるのか。おそらく、工場と同じように運営される大規模機械化農業に転換するため、自然に逆らって自然を改造し、土地の集積を余儀なくされ、多くの小規模農業が無用となる。また、単作・専作が余儀なくされ、化学肥料と除草や病虫害防除のための農薬の大量使用が避けられない。

かくして、生命系の世界にある農業は、非生命系の世界に向かって崩壊の道をたどることになるのではないか。人間の都合に合わせて、市場の原理を無理やり農業に押し付けようとすると、これもまた同様の結果をもたらすことになりはしないか。

本書の評価は、"Large is beautiful."（大きいことはいいことだ）の精神で「世界の市場化」を牽引するモンスターを、"Small is beautiful."（小さいことはいいことだ）の精神でどこまで阻止し、農業の「原則」を土台とした生命系の世界をどこまで構築できるのかにかかっている。すなわち、生命系の世界からみた環境と経済について地産地消の経済学を基軸として、どこまで資本主義的市場経済を超克できるのかということである。

## 目次

## II　環境と経済の世界

## Ⅲ　自然と共に生きる世界

装幀　勝木雄二

# 序章　生命系の世界からみた環境と経済

## 市場原理主義とグローバリズムの問題点

二〇世紀は戦争の世紀であり、環境破壊の世紀であった。今、私たちは、その二〇世紀から二一世紀へ、世紀をまたがるだけでなく、ミレニアムの「時」をまたがり、期待と不安を抱きながら歴史的大転換の「時」に立っている。二〇世紀の反省から、戦争のない世紀、環境破壊のない世紀、いわば「生命を大切にする社会」の実現に向けて。しかしその期待は早くも裏切られた。二一世紀は、テロとＢＳＥと地球温暖化とともに不安の世紀の幕開けとなった。

その歴史的大転換を刻む今のこの「時」は、本来、商品となりえない土地や労働力はもちろんのこと、地球上に存在するすべてを商品化し、世界のすべてを利潤追求の餌食にしてしまう。すなわち「世界の市場化」（経済のグローバル化）の大行進である。それは「世界の商品化」を促し、市場にまかせさえすればすべてうまくいくと説く「市場原理主義」の世界化でもある。

これは、一九七〇年代の二度にわたるオイルショックが経済成長を鈍化した結果、一九八〇年代半ばにケインズ型政策の反動から、政府による市場介入を抑え、経済主体の自由度を礼賛したレーガノミックスやサッチャリズムに端を発している。この新自由主義は、政府の市場介入がかえって最適資源配分に歪みを生じさせてしまうとして、官から民へ、すなわち自由化と規制緩和を進めた。しかしその結果、社会的不公正を助長し、格差と貧困をもたらした。また、社会主義国の崩壊による東西のパワーバランスが崩れ、「市場原理の世界化」とともに自然環境破壊が進み、地球環境問題が大きくクローズアップされるようになった。

そのような中、一九九五年にGATT（General Agreement on Tariffs and Trade：関税貿易一般協定）を廃止し、新たに立ち上がったWTO（World Trade Organization：世界貿易機関）は、多国籍企業の利益代弁者と化し、世界規模で経済格差と貧困と環境負荷を拡大し、南北問題の深刻化とともに、地球規模での環境破壊の牽引役を担ってきたといっても過言でない。

たとえば、農薬の残留規制について、各国ごとに不統一である残留規制値をより緩やかな規制値で統一し（ハーモニゼーション）、農産物貿易のハードルを低くし、その貿易の自由化を拡大強化していく。ここでは食の安全性や食と健康の問題は不存在なのか。本来農産物は、生命系の世界に直結し、その国の自然・風土・歴史・文化などによって培われ、それだけに食の地域性と食文化を豊かにし、そこで生きる人びとへ栄養と健康を届け、味わい深い食卓を提供してきた。

にもかかわらずWTOは、そのことを無視して「世界の市場化」に向けて規制の撤廃を促し、世界を自由に羽ばたく舞台となるよう躍起になっている。WTOは、多国籍企業が「世界の市場化」というモンスターの騎手となって、「前向きの大敗走」に向かって自由に世界を駆けめぐるための環境整備の請負人なのか。その地で暮らす人びとの生命や健康を犠牲にしていいのか。永い間、維持されてきた人と自然の関係や人と地域の関係を壊していいのか。

かくして「市場原理主義」は、自然・環境破壊に止まらず、あらゆる生物の存亡にかかわる。つまり、世界経済のグローバル化は、生命系の世界、すなわち環境を犠牲にし、多国籍企業の利潤獲得に加勢するものだといえないだろうか。地球環境問題は、貨幣的富と便利さを最優先する物質文明に対して根本的な問いかけを迫っているのである。

ところで一八世紀後半、産業革命が始まった頃、古典派経済学の創始者アダム・スミスは、分業によって生産性を高め、人びとが市場で自由に競争することが国富を増産し、その結果、社会全体が豊かになると主張した。つまり、伝統的な共同体という「居場所」に根を張った人びとによる自由な競争が市場で花開いた。

しかもこの時代は、市場経済より先に、家族や農村共同体があり、その中で伝統や慣習が育まれてきた。その伝統や慣習が、共同体の帰属意識を生み、信頼関係を深め、古典的な市場競争のルールをつくり、紳士的な市場システムを支えていた。つまり、スミスの時代には、共同体の伝統や慣習、道徳と市場システムとがうまく機能していたといえる。

ところが、市場システムを支えてきた伝統的な共同体が、近代化の進行とともに市場競争の過程で壊され、地域や家族が解体の危機に瀕する中で今を生きる私たちは、その生きるための「居場所」がみえなくなってきた。また今日、共同体から離脱し、「帰る場所」を喪失した見知らぬ他人の集まる大衆社会で、「市場原理主義」やグローバリズムの勢いが加速化している。

その中で、コミュニケーションから見放された環境で育つ子どもたちの「脱社会化」現象が広がりつつある。積極的に社会とのつながりをもとうとしない引きこもりがちの若者が増えているのである。このような「脱社会化」現象がこのまま広がっていくと、文化や伝統を伝承する「台」(コミュニケーションの場)がなくなる。

かくして、「居場所」の再発見と「台」の再生、このことが今を生きる私たちにとって、きわめて重要な課題となってきている。そのためには、私も属する「いなみ野台地ため池協議会」(後述)のような、市民ネットワークや文化団体などの「中間団体」の立ち上げが、市場経済を健全にするポイントとなり、自分たちの「居場所」や「台」の再生への道となるだろう。

しかし、この課題を実現していくその行き先は、私たちを「市場原理主義」とグローバリズムの批判的立場に導く。なぜなら、既存の産業経済モデルでは、経済の持続的発展が可能でないとの確信を強めるからである。

　産業革命後の輝かしい機械文明に酔ったヨーロッパ型産業社会の没落をみても、高度経済成長政策による経済大国の実現と引き換えに公害列島と化した日本を振り返ってみても、そして日本も染まった欧米型産業モデルの中国への導入が、今、その日本の焼き直しのごとくバブル経済と引き換えに環境問題の世界化の引き金になろうとしていることを直視してみても、いずれも「市場原理主義」のなせるワザではないか。これら二一世紀の抱える諸問題をもたらしている歴史的起点が、詰まるところ、産業革命と資本主義的市場経済に行き着く。

## 市場経済の思想的反省の系譜

　マルクスは、資本主義的市場経済の論理を解明するため『資本論』を著し、人間による人間の搾取に攻撃を加えた。しかし、今や私たちは、資本主義的市場経済と人間中心的自然観（近代的自然観）を批判し、人間による自然の搾取を攻撃する。さらにまた上述したように、近代化の進展とともに伝統的な共同体は解体され、伝統や慣習が希薄化され、近代社会が経済社会を覆いはじめるや、人びとは自分の「居場所」と「台」を見失った。人びとは、生まれ育った地域や家族から離れ、共同体への帰属意識が薄れ、労働力の擬制的商品化とともに擬制的「個」の世界に引きこもりはじめた。人びとは、他者との関係性をもたないことによって手にした自分本位の引きこもりの場と引き換えに「居場所」と「台」を喪失しはじめた。

本書は、生命系の世界から環境と経済をみていくことになるが、この失った「居場所」の再発見と「台」の再生はどこに依拠すればいいのか。それを「地産地消の動向」や「ため池再発見」を通して考察してみる。それは、「近代化批判」や「脱近代」、あるいは「ポストモダニズム」の思索によってみつかるほど単純なものではないと思うが、その思想的反省なしにはみつからないだろう。

ただし、その思想的反省は、価値の転換、世界観の大転換を前提とする。私は、この大転換を高度経済成長政策のツケが公害問題として取り沙汰された三〇年前と、その歴史的反省から環境革命とローカリズムの復権を思考しつつある現代的思潮を意識の俎上に載せ、戦後五〇年の「時」の趨勢をたどりながら思索してみる。

そこで、その思想的反省の契機となった代表的著作として、一九七〇年代半ばに著された『食と文明』(山路健著、一九七六年)、『スモール イズ ビューティフル』(E・F・シュマッハー著、一九七六年)、『エコノミーとエコロジー』(玉野井芳郎著、一九七六年)と一九九〇年代半ばに著された『社会的共通資本』(宇沢弘文著、一九九四年)、そして最近の『エコ・エコノミー』(レスター・ブラウン著、二〇〇二年)を掲げておこう。

山路は、「人間が自然生態系に介入して人工生態系を創って繁栄し、揚句の果てに行き詰まってしまった(1)」「生活の質の向上と環境問題とを取り扱う応用経済学の進歩に期待をかけたい。人類が地球社会で生き永らえてゆくには、……自然との調和を眼目においた地球の優先順位を再編制し、人類の福祉の追求に志向すべきあろう(2)」と説いた。公害列島日本が社会問題化した一九七〇年代半ばのことであった。

同じ時期に、E・F・シュマッハーは、「高度な自給自足の地方社会に住む人々は、貿易の世界システムにその生存を委ねる人々よりは大規模な暴力に巻き込まれることが少ないであろう。地方的必要を満たすための地方的資源による生産こそ、もっとも合理的な経済生活様式である。これに対し、遠方からの輸入に依存し、そのために未知で遠く隔たった人々への輸出のための生産が必要になることはまことに非経済的であり、……近くの資源より遠方の資源によって人間の必要を満たすのは成功ではなく失敗とみなす。……トン・マイル数の増加を経済的進歩の証拠として示す傾向にあるが、……好ましからぬ悪化を示すものとなる(3)」と説く。これは、地産地消の思想の雛形であり、今、地球温暖化の一つの対策として考えられている「フードマイレージ」（食料の輸送距離と物量を積算した値）の指標につながる思考である。三〇年前の提唱が現代思潮に脈打っている。今やこれは警告として受け止めねばならないだろう。

そして、一九九〇年代半ばに宇沢は、経済学の考え方に大きな転換が起こりつつあることを問題提起し、資本主義あるいは社会主義という伝統的な思考の枠組みを超えて、すべての人びとの人間的尊厳が守られ、魂の自立が保たれ、市民的権利が最大限に享受できる経済体制を実現しようとする、いわば制度主義ともいうべき、新しい概念を提唱する。

「社会主義、資本主義という体制的な差違を超えて、また過去四十年間にわたる経済発展の過程を通して、もっとも深刻な現象は自然環境の汚染、破壊であるといってよいであろう。これは、『地球温暖化』という、地球全体の次元における自然環境の破壊、それにともなう不均衡化にもっとも端的にあらわれている。……近代国家の形成にともなって、長い歴史的な過程を経て発展を遂げてきた入会制をはじめとする、自然環境の管理・維持にかんする優れた制度は、法制的、社会的、あるいは経済的な観点から、前近代的、非効率的なものとして排除されていった。……自然環境の管理・維持にかんする諸制度が、どのような機能をもち、どのような役割を果たすのか、……この課題を考察しようとするとき、自然環境の概念を拡大して社会的共通資本という、より包括的な概念範疇のなかで、分析を進めることが必要となってくるように思われる(4)」と。

宇沢の指摘のように、市場経済が発達した近代社会以降、自然環境の維持・管理にかんする優れた制度、それはため池の維持・管理にもみられるのだが、それらの制度が消えていくのに合わせて、公害問題や環境問題が深刻になってきた。これらの問題がなぜ生じたのか、その根拠を明らかにし、一刻も早く、効果的な対策が講じられなければならない。市場経済がはらむ「市場の失敗」「コモンズの悲劇」「外部不経済」などの概念とともにその対策として、「環境税」「炭素税」「ピグー税」「排出量取引」などがクローズアップされはじめている。

## 市場原理から環境原理への転換を

ところで、ワールドウォッチ研究所の創設者であるレスター・ブラウンは、「今日の環境破壊的な経済を、持続可能な経済に変えるためには、私たちの経済的観念のコペルニクス的転回が必要である。つまり、経済は地球の生態系の一部であり、したがって、それと調和するように再構築されないかぎり、経済は発展を持続できないという認識を持つことが必要である」[5]と警告している。この警告は、つまるところ、環境が経済の一部なのか、それとも経済が環境の一部なのかということに行き着く。経済学者は環境を経済の従属物と考える。他方、生態学者は経済を環境の従属物と考える。「経済と地球」についての新コペルニクス的転回、地球中心的宇宙観から太陽中心的宇宙観への転換である。太陽の動きに合わせた暮らしの復権、自然のリズムに合わせた生活リズムの再生、地動説から天動説への再転換である。

私たちは、今、その価値の大転換の渦中にあるとの認識から始めよう。そこで、このことを環境と経済にあてはめて考えてみると、環境を経済の一部としてみてきた市場原理から、逆に経済こそを環境の一部とみる環境原理への転換ということである。その転換の内容や方法については、今、緒についたばかりでこれからの仕事であるが、本書の目的である「地産地消の経済学」の構築がそのさきがけの一つとなろう。

いずれにしても、この価値の転換がなければ、経済発展は、「外部不経済」をあたりかまわずまき散らし、「市場の失敗」を重ね、「持続的経済発展」を自ら打ち消し、文明の終焉を招く。このことに関してE・F・シュマッハーは、『人間復興の経済』の日本語版への序文で次のように述べている。

「いわゆる石油危機は、……近代世界の転換点であると人は言うかもしれない。それは〝里帰り派〟の人々の手を強めるであろうか、それとも〝前向きの大敗走派〟の人々の手を強めるのであろうか。それは巨大主義と暴力からのがれようとするわれわれを助けるであろうか、それとも狂気と混乱のいっそうの深みにわれわれを連れ込むのであろうか。われわれはますます世界の（資源を）枯渇させ、物質的満足にこだわりすぎて自然を荒廃させる生活様式にしがみつこうとするのか、それとも曲げることのできない普遍の法則に適合し、人間のより高い抱負を促進することのできる生活様式の向上をめざして、英知によって制御された科学と技術の創造的な力を発揮しようとするのか」[6]と。

つまり、市場原理から環境原理への転換がなければ、〝里帰り派〟よりも〝前向きの大敗走派〟の手が強まり、進歩や発展の美名のもとでますます「前向きの大敗走」を重ねていかざるをえないということである。これらの問題は、多年にわたりわれわれの関心を引きつけ、二〇世紀から二一世紀に生きる人びとの心を無慈悲なまでに揺り動かしてきた問題である。本書は、このことを問う。

## 地産地消はどのようにして可能か

さて、自然が人間の都合に合わせて改造されるにつれて、澄んだ空気は汚れ、清らかな水は濁り、生い茂る木々や野生生物は少なくなってしまった。春が来ても鳥のさえずりは聞こえない。カーソン女史の予言した『沈黙の春』が不気味な静寂さをもって広がっている。じつは、経済成長の過程が自然を搾取する過程ではなかったか。われわれは、今や地球規模ともなった人間による自然の搾取を攻撃する。なぜなら、経済至上主義が生命系の世界を危うくし、第一次産業の崩壊の危機を招き、あらゆる生き物の生存の危機を招かないとも限らなくなってきたからである。

経済成長とはいったい何であったのか。それは地球の自然資本をむしばみ、経済的赤字だけでなく生態学的赤字を上乗せし、将来世代を脅かす。私たちは、経済的赤字には関心を寄せるが、生態学的赤字には無頓着である。生態学的赤字は、今を生きる私たちがこれから生まれてくる将来世代から資源を奪うことである。債権者による取り立てによって経済的赤字の解消は可能であっても、生態学的赤字の解消については、未来の債権者が現代の債務者に対面することは困難であるので、見やすいことではない。したがって、生態学的赤字は将来世代の基本的人権の問題にまで及ぶ。ここには、いわゆる「環境倫理学」の視座が必要となってくる。

ところで、わが国の経済成長はどうであったか。一九六〇年代、わが国は他国からエコノミックアニマルと非難されるほどの高度経済成長を遂げた。しかし、一九七〇年代、高度経済成長政策のツケともいうべく公害や環境破壊が堰を切ったかのように露呈した。戦後五〇年、高度経済成長政策の向こう側でわが国の第一次産業である農林漁業は、崩落の一途をたどった。この崩落はいうまでもなく、出稼ぎや挙家離村を促し、農山漁村の崩壊から地域や家族の解体に及び、社会基盤・生活基盤を根底から揺るがすことになった。

一方、最近の世界経済のグローバル化は、地産地消と対極にある食のグローバル化を地球規模に拡大している。科学技術の成果だといわんばかりに、飽くなき便利さを追求し、安価でモノカルチャー化した農産物が、世界を股にかけて北半球と南半球を飛び交っている。ポストハーベストやハーモニゼーションによって汚染された食品が世界を駆けめぐり、食の安全性は二の次になり、食品汚染を気にすることなく、農場・牧場・漁場の世界化を促している。この流れは、農産物貿易自由化の結果であり、フードマイレージの値も大きくなり、地球温暖化に拍車をかける。これが、「前向きの大敗走派」である。

かくして経済のグローバル化は、食のグローバル化を促し、食の世界化や均一化を普遍化する。さらに食の地域性や季節性を否定し、残留農薬や食品添加物漬けの食品を大量に流通させ、人類の生存条件を劣化させることになる。

このような中、最近、グローバリゼーションに対し、ローカリゼーションの評価が高まっている。これは、昨今のスローライフ、スローフード運動にみられるところである。この流れは、脱近代を目指した地域の自立・再生の流れであり、地産地消につながる。これが、「里帰り派」である。しかし、これはたんなる復古主義ではない。今、わが国では産地直売所で「地産地消」運動が広がりつつある。「地産地消」は、「『作る』と『食べる』の『近距離恋愛』」（広島と島根）とか、「地域をまるごと食べよう」（兵庫県三田市）などのスローガンを掲げ、「食育」と連動しながら学校給食にも浸透しはじめている。

最近、この地産地消運動の広がりとともに、人びとの農業への見方が変わってきたように思われる。これまで、海外から安い食べものが大量に入ってくるのに、後継者も見込めず、効率の悪い国内農業を保護しても意味がない、工業製品を輸出して稼いだお金で安い輸入食料を口にすればそれでいいとの考えが横行していた。ところが最近、環境や国土保全、あるいは食料の安全保障上、農業が果たす役割が注目され、効率や国際化だけでなく、食べものの安全性を確保するためにも自給率向上を重視する人びとも増えてきた。自給率がカロリーベースで三九パーセントに落ち込み、輸入農産物の安全性や輸入冷凍食品の食中毒事件も重なって、「食の安全」が社会問題化してきたからである。国内産においても産地のトレーサビリティーや賞味期限などに対する意識が高まってきており、国内農業の見直し・再評価の風潮が高まってきた。

本書の課題は、「市場経済原理主義」が「前向きの大敗走」を重ねてきたのではないのかという問題意識の下に、農業の見直し・再評価の風潮を追い風にして、地産地消が、「前向きの大敗走」

をいかにして止めるのか。そして、その地産池消を地域でいかに展開するのか。その意義を確認しながら、自然とともに生きていく「自然と人の共生社会」を模索する生命系の世界からみた環境と経済について考察することにある。

**註**

（1）山路健『食と文明』御茶の水書房、一九七六、七頁
（2）同上、三一頁
（3）E・F・シュマッハー『人間復興の経済』斎藤志郎訳、佑学社、一九七六、四四頁
（4）宇沢弘文『社会的共通資本』東京大学出版会、一九九四、一—三頁
（5）レスター・ブラウン『エコ・エコノミー』福岡克也監訳、家の光協会、二〇〇二、二八頁
（6）E・F・シュマッハー『人間復興の経済』斎藤志郎訳、佑学社、一九七六、一頁

# I

# 生産地と消費地が直結する世界

# 第1章　今なぜ、地産池消か

## 1　地産地消とは

地産地消とは、生産地（生産者）と消費地（消費者）が直結することである。すなわち、「食べる人の近くで作り、近くで作られたものを食べる」「その土地で採れたものをその土地で食べる」ということである。このことは、交通手段や保存技術が未発達な時代においては、当たり前のことであった。かつてあった地場生産・地場消費である。それはまた、人類が永い間生きるために営んできた行いであり、これからも食の原点として、また生きる原点として生きつづける営みだといえる。

その生きる営みの根本は、農林漁業（=生業としての農林水産業）である。その農林漁業は、自然資本や社会的共通資本に多く依拠する。自然資本とは、人間の手の加えようのない自然の恵みとしての大気や水や土など（自由財）を指し、社会的共通資本とは、自然に一部人間の手を加えて生活手段として機能している山林や川辺や海岸、道路や鉄道や公園、さらにはため池や用水路など（公共財）に、教育、医療、司法、金融制度など（制度資本）を指す。

これらは市場経済がこれまで経済財として把握してきた労働生産物の範疇を超え、広義の経済学として新しく非労働生産物である自然生態系の世界として着目されはじめた生命系の世界に広がりをもつ財である。市場経済は、これまでこの生命系の世界をタダの財として乱暴に扱ってきた。これは「市場の失敗」ともいえるが、今日の環境問題の経済学説上の発生源の一つでもある。

たとえば、米は、土と水の自然資本に加え、ため池や用水路などの社会的共通資本に支えられて生産され、生きる糧として、生活必需品としてなくてはならないものである。欧米人にとって主食にあたるものは見出しにくいので、日本の主食の米の意味が理解しにくいようである。主食とは、一日摂取するカロリーのうち三〇パーセント以上を占める食料を指すから小麦は、米のような主食概念にあてはまらない。したがってアジアでは一般的に、米は自給を最優先し、余った分だけを貿易に出す。小麦は約一億数千トンも世界市場に出回っているが、米はその一〇分の一の一二〇〇〜一三〇〇万トンにすぎないのである。

このことから米は、貿易品目としては薄い市場（thin market）にならざるをえない。今日の世界的気候変動の下では、いつ冷害に見舞われ米の不作が生じても不思議ではない。それだけに米を市場経済に放り出し、市場にまかすだけでは、米の国際価格の乱高下から著しい生活不安をもたらすことになる。したがって米は、市場経済になじみにくいということを肝に銘じておかなければならない。

確かに、市場とは、売り手と買い手が出会い、そこで価格が決められ、売買が成立する場である。もちろん、地産地消の直売所も市場経済の原理を踏まえたものである。とりわけ食材を扱う地産地消の直売所は、産地特産物と旬の食材を販売する生産者も購入する消費者も楽しみな場となっている。ここでの交換手段である貨幣は、売り手にとっては生活費であり、買い手にとっては食材の使用価値の獲得にある。したがって、ここでの貨幣は生産者と消費者を結ぶ紐帯であり、この場は農村と都市をつなぐ中継地である。

たとえば、**写真1**は、二〇〇六年一一月、神戸市垂水区神出町にオープンした兵庫楽農生活センター内に開店したレストランである。ここでは、バイキング方式で九〇分食べ放題。しかも一五〇〇円と格安で大人気である。さらにこの直売所は、敷地内に農園を併設し、農業実習や営農講座を開設するかたわら、そこで採れた野菜を調理し、レストランで来客をもてなす。**写真2**は、その地元の食材での地産メニューである。それは、文字どおり「地域をまるごと食べる」地産地消の実践

写真1　農村レストラン

写真2　地産メニュー

である。最近、全国各地の道の駅や温泉の入り口などに直売所が設けられており、そこでは「売り手（生産者）と買い手（消費者）」の顔が見える関係、食の姿の見える関係ができており、互いに安心して和やかな食の売買の場が生まれている。

このように、多角的な事業展開に応じて、さまざまなビジネスが地域に生まれ、今まで潜んでいた高齢者や女性グループの知恵や技が生かされ、地元産の食材や手作りの漬物などが直売所店舗のコーナーを彩る。この直売所で販売される農産物には、生産者の名前とバーコードが表記され、農家の主婦がはじめて自分名義の通帳をもち、農業のやりがいと生きがいがもてるようになった。農村でのこの動きは、今、忘れかけている先人の生きる知恵や技が生きた財産として次世代に受け継がれ、また、食の安全と生活の安定を求めて、農村（生産者）と都市（消費者）の結びつきが強まるのではなかろうか。

ただし、ここで気をつけておかなければならないことがある。それは、所得と資本の区別をしないまま、あるいは産業と生業を区別しないまま、農林漁業を市場経済至上主義一辺倒で考えるのは危険だということである。その区別がなされないまま、自然とともにある農林漁業を市場に放り出すと、食の安全・安心が二の次となり、貨幣獲得の虜となり、貨殖のためには「偽」で固めた食品の流通が懸念されるからである。このことは最近、市場を騒がしている食品業界の「食品偽装」とその信用の失墜にみてとれよう。

先述したように、地産地消の直売所での貨幣は、市場経済をスムースに運営するための交換（支払い）手段としての機能を担っており、その限りでは、市場経済（商品交換）の健全な発展がみられるであろう。ところがその貨幣が、生活維持のための貨幣から貨殖のための手段に転化するや否や、事態は一変する。市場経済は、資本主義的市場経済に向かって邁進し、経営目的は貨殖の呪縛の虜と化す。

さて、生産者にとって所得としての収入は、営農を含めた生活維持費と農外での兼業収入を合わせた混合所得である。この場合、農業にとって市場経済は、生活を維持するための手法として活用され、農産物価格は生活費を補償する費用価格（不変資本C＋可変資本V）水準で決定される。この費用価格は、利潤を補償する生産価格水準に達しなくても経営は維持される。それはわが国のような小農体制のもとでの農業は、収益性よりも生活実現のための生業（なりわい）を目的として、自然に合わせて農業を営んできたからである。

しかし、組織をもたない零細農家は、市場圧力のもとで農産物価格が下落した場合、費用価格のうち生活費のV部分を切り詰めても混合所得の強みを生かして農外収入で耐えようとする。その結果、「農産物価格は、多くのばあい、その費用価格の水準さえ実現しえず、農家の自家労賃が外部の労賃以下に恒常的に圧縮されるところまで低下する」(1)という指摘がある。

これに対して、生産者にとって資本としての収入は、資本の論理によって農業経営を維持するため、農産物価格は生産価格、ないし費用価格に地代が上乗せされる水準を保つように、収益性が最優先される。ここでは農産物の使用価値よりも交換価値が重視され、その実現のため自然を人間の都合に合わせて改造する近代化農業が主となる。その結果、資本としての収入、収益性を最優先する近代化農業は、小規模農業を排除し、スケールメリットを求めて経営規模拡大の方針を強める。かくして、生産現場では土地や自然環境に対する負荷を拡大し、消費地では食の安全・安心を軽視し、「食と健康」に対する負荷を拡大させる。

ここで確認しておこう。市場経済下にある農業経済においても、その意義は、農業を生かす経済であって、経済を生かす農業ではない。農業は農業である。自然が基本である。これを無視し、貨殖のための収益性の追求に邁進し、市場経済をアグリビジネス（企業農業）先行型で走りすぎると自然からのしっぺ返しを喰らう。人間の都合に合わせた自然改造が自然の許容範囲を超えると、農業は農業でなくなる。太陽のまわりを回転するリズムに合わせた自然のリズムで循環する農林漁業は、貨幣の歯車で回転しスピードと効率を要求される資本主義的市場経済にはなじみにくいのである。

他方、市場経済の欠陥も指摘しないわけにはいかない。出来すぎて困る「豊作貧乏」や世界一技術水準の高い稲作技術をもってしても作れない「減反」がそれである。あるいは米は、「作るより買って食べたほうが安上がり」という皮肉な現象も生じた。

これは食管制度（一九四二〜九五年）のもと、農家と消費者の安定した生産と生活の保障のために二重米価制を堅持し、その結果、米価は「生産者米価＞消費者米価」なる価格設定となったからである。この米価の差が米価の赤字である。いわゆる「米価の逆ざや」である。この「米価の逆ざや」によって生じる赤字は、生産者の経営と消費者の生活を守るために欠かせない「必要悪」としての存在理由があった。

市場経済は、この食管会計赤字の累積が容認できなくなり、一九九五年に食管制度廃止に踏み切ったのである。農林漁業、あるいは農家経済への市場経済の浸透は、現在、中山間地での廃村を中心として、全国二〇〇〇以上にも及ぶ「限界集落」の存在をもたらす要因になったといえる。これを「市場の失敗」と言わずして何と言うのだろうか。

今、WTOやFTA（Free Trade Agreements：自由貿易協定）の影響下で「安さ」を売りにした輸入農産物や冷凍輸入食品などが、津波のごとく日本列島を呑み込み、安全性の疑わしい農産物や食品が国内市場を席捲し、「食」の不安が一段と高まっている。これは、人びとの健康を脅かし食の地域性や季節性を攪乱し、生産農家には経営の不安を消費者には健康の不安をもたらすことになる。

にもかかわらず、市場経済原理主義のもと、利益性（交換価値の獲得）を追求するあまり、農業のもつ本来的価値が目に入らなくなり、まずいことには、農業のもつ外部経済効果が生かされなくなっているのではなかろうか。逆に、農薬や化学肥料の多投入によって環境負荷をまき散らし、農と食を取り巻く安全・安心の問題が深刻化している。これは一つに、農業を工業と区別しないまま扱ってきた結果ではなかろうか。そこで次に、農業の本来的価値を明確にするために、農業と工業の本質的違いについてみておこう。

## 2　農業と工業の本質的相違について(2)

工業は非生命系の世界であり、農業は生命系の世界である。また工業は、目的とする製品を特化し、それをより速く、より効率的に生産することにある。一方、農業の生産目的は「食料」だけに特化されない。ホタルやメダカや彼岸花まで生み出す。そこには生命系の世界が広がる。農業は、生産効率やスピードとは別次元の世界、多面的機能や外部経済効果を多分にもつ世界、すなわち市場経済だけで割り切れない非市場経済の世界にあるということである。

そこで、「農業は産業なのか、産業ではないのか」という本質的な問題を考えてみよう。この点について、E・F・シュマッハーは以下のように指摘している。

「農業の基本『原則』は、生命、すなわち生きているものを取り扱うという点にある。その生物は生命を加工した結果生まれるものであり、その生産の手段は生きている土地である。一㎤の肥沃な土地は幾百万の生きた有機物をふくんでおり、その完全な開発は人間の能力をはるかに超えている」[3]。続けて、工業の基本原則について「近代産業＝工業の基本『原則』は、人工の生きていない材料を用いるときだけ確実に稼動する生産過程を取り扱うことである。工業の理想は、生きものを駆逐することである。……人間的要素も含めた生きている要素を排除し、機械の上に生産過程を乗せることである。……換言すれば農業と工業の基本『原則』は両立できないものであり、正反対であることは疑問の余地がない」[4]と指摘する。

示唆に富む指摘であるが、ここで問題なのは、農業と工業の基本「原則」は両立しないということから、果たしてどちらが第一義的なのかという問いである。E・F・シュマッハーは、以下のように説く。「死のない生命が無意味であるのとちょうど同じように、工業のない農業も無意味である。しかし、農業が第一義的であり、工業は第二義的であるという事実に変わりはない。それは、人間の生命は農業がなければ継続できないのに、産業はなくとも継続できる」[5]と。

この農業と工業との本質的相違を区別しないで、農業をもう一つの工業として取り扱うならば、不可避的に農業は衰退に向かうということである。現実的に「限界集落」や耕作放棄が一段と増加していくのではないか。それは農業の特異性にかかわることであるが、詰まるところ、生命系の世界を本質とする農林漁業と非生命系の世界をベースとする工業とを同列に扱い、その間に生じる生産力格差に行き着く。

資本主義的市場経済下では、この生産力格差が農業発展の「自然的桎梏」となり、農工間の不均等発展を促し、農業の後進性を強める。農業が市場競争世界から生き残ろうとして、「自然的制約」から逃れようとすればするほど、今度は農業の「本質の歪み」に拍車がかかり、後述するようにその「自然的制約」は「社会的桎梏」に転化する。したがって、この生産力格差の解消が困難であることを無視して、生命のリズムで動いてきた農林漁業を工業の速いテンポで動く資本主義的市場経済の下に放り出すのは危険である。

さて、農工間の生産力格差が、農業の発達を阻止している「自然的桎梏」となっていたことに加えて、「自然力の保守性」として理解されている市場経済がはらむ「社会的桎梏」も無視してはならない。たとえば、「自然力の保守性」の一つに「土地の有限性」がある。資本は、土地を改良することはできても土地そのものは創り出せない。この土地の有限性から、資本主義的市場経済下での農産物価格は、平均的な中位の農家の生産条件ではなく、最劣等地の生産条件のもとでの農家の費用価格によって決定される。さもなければ、食料の絶対的確保が不可能となり、「飢え」を常態化することにもなるからである。

それゆえ、より優位な耕作地に差額地代が発生する。しかし、この差額地代は、農業生産資本として土地に投入される前に地主に横取りされてしまう。かくして、農地への資本投入が阻止され農業の発展が阻害される。これが農業の発達を阻止する市場経済がはらむ「社会的桎梏」である。

さらに、農業には耕地面積拡大に対する「桎梏」が上乗せされる。土地面積は有限なので、耕地面積拡大のためには農業就業人口を減らすことが必要となる。そのためには低農産物価格を恒常化し、土地の流動化と農業就業人口の流出をはかること、これらの政策が前提となる。またたとえ規模拡大が可能になっても、自然相手の農業はスケールメリットが工業ほど期待できない。加えて、農地購入資金は、財産的所有の資産費目になるので農産物価格に反映されない。したがってそれは、コストとして回収できず農業経営を圧迫することになる。

このように、農業には自立経営農家の自立を阻む「桎梏」が控えているのである。日本農業の足腰を強め、立て直そうとしても農村人口を減らし、低農産物価格を前提にしなければならないので、結果として脆弱な日本農業を後押しすることになる。これは農業経営のジレンマである。ここに農業における市場経済の限界を指摘しないわけにはいかない。

それだけに市場経済下にあっても、生業としての農林漁業の本質や発達をこれ以上阻害しないための経済学が、換言すれば、市場経済を批判的に受容しながらも、狭義の経済学から広義の経済学への広がりをもつ新しい経済学、すなわち「地産地消の経済学」を構築する意義がここにもある。

私たちは市場経済のもとで生計を立てている。しかし、私たちの暮らしも自然とともに生きる農林漁業と同様、市場経済一辺倒で片づくわけではない。生命系の世界に生きてきた私たちが、生命活動を本質とする農林漁業の衰退を容認すれば、まわりまわって私たちの生命活動も否定されることになりかねない。たとえば、生産活動によって生活環境を汚染する産業廃棄物や公害などは「外部不経済」(external diseconomies) として市場価格に反映されてこなかった。後に第3章でくわしく論じるが、このため市場メカニズムによる最適資源配分に歪みが生じ、社会的損失を招き、生活環境の劣化にもなり、「市場の失敗」(market failure) を招いている。

また、近代以前においては、私有でも公有でもないコモンズ(共有地)や共有財産が各地に存在していたが、近代的所有制度を基礎とした市場経済が確立することによって多くのコモンズも私的所有の対象となり、私物化され消滅していった。これを「コモンズの悲劇」という。

この例にみられるように市場経済は万能ではない。その市場経済のもとで生活する私たちは、後述するように市場経済の本質をみきわめ、「市場の失敗」や「コモンズの悲劇」などにみられる弊害を取り除く必要がある。

この弊害を容認し放置しておくと、それは市場経済の功が罪に転化する。たとえば現在、地球的規模で広がりつつある食のグローバル化は、WTO体制やFTAのもとで市場経済を浸透させ、農産物貿易の自由化を強化し、食の安全よりも食の廉価を優先し、食の地域性や季節性を無視し、食の世界化や均一化を強要する。それは、いのちの糧である食を食品としてアグリビジネス化し、食を貨幣物神の呪縛の虜とし、農場・牧場・漁場の世界化と食の南北間格差を拡大・深化し、生存条件の格差を拡大することになる。その結果、食の国際的水平分業を固定化し、食料輸入国では食の自給基盤を、食料輸出国では土壌の栄養基盤を脆弱化する。これは言うまでもなく、地産地消と対極にある。

また、かつて風靡した「緑の革命」(Green Revolution)は、多収量品種の大規模な単一栽培(モノカルチャー化)によって大量の化学肥料や農薬を投入した結果、短期的には収量の増大をみたものの、病虫害に弱いことからさらに農薬の依存度が高まり、土を痛め、地力の低下を招き、農地の不毛化に追い討ちをかけることになった。かくして、薬漬けになった土壌は、土を豊かにするミミズや微生物を殺し、有機物の少なくなった土壌を弾力性のない固い土にしてしまった。そのため、土壌の保水力も通風性も通水性も低下し、塩類集積を加重化し、東南アジア特有のスコールによって表土の流出(エロージョン)を招いている。

かくして、食の世界化と食の近代化が、自然に爪痕を残し、自然と人間の不調和をもたらし、予測不能な生命系の世界の危機をもたらしている。食のグローバル化と一極集中化に邁進してきた近代化ならびに近代技術の進歩は、食のローカル化と分散化を「後ろ向き」だとして忘却のかなたに見捨て、金銭的富の呪縛のもと国を挙げてがむしゃらに豊かさを求めて邁進した。その邁進は、「前向きの大敗走」ではなかったか。むしろ、「後ろ向き」といわれてきた食のローカル化と分散化こそが「後ろ向きの前進」ではなかったか。論より証拠、田植えは、植えた苗が真っ直ぐに並んで植えられているかを見るため、「後ろ向き」になって前進しているではないか。

## 3　地産地消とその特色

さて、食を取り巻く今日的状況、すなわち食のグローバル化や食の南北問題、食の安全・安心の問題が深刻化する中で、「今、地産池消とは何なのか？」の意味を掘り下げ、その意義を検証してみよう。

かねてより、「フードアクション21」[6]（富山洋子事務局長）では、食の自給と安全を確立していくために「風土に根ざした食を取り戻す」[7]ことが重要であることを主張し、地産地消を掲げて全国行動を重ねてきている。

そのような中、地産地消の取り組みが、一九九九年七月に制定された食料・農業・農村基本法（新基本法）を引き継いだ二〇〇五年三月の「食料・農業・農村基本計画」に基づき始まった。閣議決定後、食料自給率向上（二〇一五年に四五パーセント）を主たる狙いとして、同年六月より六〇〇の市町村での実施計画に着手し、二、三年のうちに全国に及ぶというものであった。二〇〇六年二月には第一回地産地消活動優良事例表彰へとその計画が進められた。そして、同年一二月には「全国地産地消推進協議会」が農林水産省協力のもと発足し、この動きの迅速さは驚異的といっても過言でない。富山洋子は、「農水省の取り組みは、遅きに失した感はあるが、『地産地消』を食料・農業政策にどのように位置づけようとしているのかを知り、それらに対する意見を表明していくことが大切だ」[8]と指摘し、地産地消運動を「フードアクション21」の第一の課題に掲げ行動していくことをアピールしている。

言うまでもなく、地産地消は、地域の自立と地域で生きる力の回復運動である。それは、地域で作ったものを消費する、いわば地場生産・地場消費を基礎とし、「農林漁業や地場産業を活性化し、地域力の蘇生につながり、家族の生きる力の回復にまで広がりをもつ。それはまた、顔の見える生産者と消費者の協同と信頼関係のもとで食の安全や食の地域自給力を高め、食の地域性を豊かにし、地域社会を活性化する。すなわち地産地消は、地域全体に息を吹きかけ、そこに生きる人も生き物もすべてよみがえらせるいのちのアニマシオン（躍動・活性）である」[9]。したがってそれは、モノや金をもつ「所有の豊かさ」よりも、人や生き物との「関係の豊かさ」を求める運動だともいえる。

地産地消についてその特色を以下、指摘してみよう。

第一に、地産地消は、農林漁業を基盤として生き生きした地域の再生・自立のための前提条件である。今、地域を支える農林漁業の現状はどうなのか。たとえば、日本農業に未来はないといわれて久しい。生命産業の農業の解体は、都市の解体も結果し、地域社会の崩壊を招き、つまるところ私たちの生命の否定につながる。そこで地域の自立、農林漁業の再生が一刻も早く求められることは言うまでもないことである。

第二に、地産地消は、生き生きした循環型社会の創造を目的とする運動である。循環型社会には地域内循環と地域間循環が考えられる。地域内循環は、たとえば、「土から得たものは土に返す」という考えから、家庭から出た生ゴミを土に返し、それを農作物の栄養源にするとか、朝採れた新鮮な地場の食材を「地産給食」として学校給食に採用することなどが考えられる。また、この給食で出た生ゴミや残飯を堆肥として「学童園」の土に返す。これはいのちの循環を体験的に学習できる環境教育や食農教育の一環とした総合的学習ともなる。一方、後者の地域間循環は、たとえば、「都市と農村」「上流と下流」「海と山」の共生・協同関係をどうつくるかということにつながる。そのコンセプトは、川やため池・用水路などの水系や生ゴミのリサイクルも視野に入れた食の栄養循環を軸とした「地域循環型社会」の創造につながる。

第三に、地産地消は、「食の安全・安心」を食卓に届けることになる。今日、マーケットには安価な輸入食料があふれる一方、「食の安全・安心」について関心が高まっている。誰が、どこで、いつ、どのようにして作ったかわからない輸入食料にくらべ、地産地消は「顔の見える関係」を軸に「食の安全・安心」を保障し、信頼関係で支えられた安全で安心な生活が期待される。

第四に、地産地消は、近場で採れたものを食べることから、安全や安心をもたらすだけでなく、エネルギーのムダも省く。遠隔地から長時間かけて運ばれてくる食材・食品は相当のエネルギーを浪費する。たとえば、遠い海外から輸入される農産物は、一カロリーの摂取をするためには一〇カロリーも二〇カロリーもエネルギーを投入することになる。これは、エネルギー資源の枯渇問題に拍車をかけるだけでなく、地球温暖化をさらに深刻にする。いわゆる「フードマイレージ」(食料の量×食料の輸送距離)の値を大きくする。

わが国は、このフードマイレージが国民一人当たり四〇〇〇トンキロメートルであり、これは世界一である(アメリカは五〇〇トンキロメートル。農水省の二〇〇〇年試算)。これは、$CO_2$の排出量や地球温暖化の観点からみても、その汚点を返上しなければならない。日本の国土が狭いという劣位は、どこでも生産地のそばに消費地があり、自立した市場が形成可能だということである。これは地産地消の立地にとって優位である。国土狭小の劣位が、ここでは優位性に転化し、それを生かして各地域で地域固有の地産池消によって食の地域自給力を回復し、フードマイレージが世界一小さい国となり、安全で安心した地域づくりが可能だということである。

第五に、地産池消は、第一次産業が息を吹き返すことによって、地域社会や地球的規模での環境浄化に役立つ。たとえば、工業は、まわりの利益あるものを取り込んで、まわりに不利益なものにして返す。これに対して農業は、まわりの不利益なものを取り込んで、まわりに利益あるものにして返す。前者はたとえば、私害であるにもかかわらず公害として地域社会に汚泥や汚水を垂れ流し、産業廃棄物をばらまいてきた私企業をみれば、環境に負荷をかけることの説明の必要はないだろう。これに対し、後者はたとえば、水田は水を浄化し、水を保水し、$CO_2$を吸収し、$O_2$を提供する。

したがって水田稲作は、まわりの汚れた水や空気をきれいにし、地域浄化の模範生である。

第六に、地産地消は、スローフード、スローライフ運動につながり、私たちの生活スタイルを本来的なものに戻してくれる。高度経済成長はスピードと効率で「前向きの大敗走」を重ね、私たちはいのちをすり減らしてきた。その食の象徴が、ファストフードではなかったか。私たちは、太陽の動きに合わせた生活スタイルが自然に適合した本来の姿だといえる。太陽エネルギーを満面に浴びた野菜を家族とともにゆっくり料理して、ゆっくり食べる食生活を取り戻してこそ、家族の団欒の場も賑わうことになる。

第七に、地産地消の食材は、ふくろ詰めにしない。「おふくろの味」から「お」を取った「ふくろの味」では味気ない。食べものは生き物である。呼吸をしている。ふくろ詰めにしては息苦しい。地産地消では、「お」を復活し、その「おふくろの味」に「おやじの料理」を加え、おふくろとおやじの男女協同参画型創作手料理をゆっくり作って、ゆっくり食べる。これをスローフードとスローライフにつなげ、私たちの生活回復運動を目指す。

第八に、地産池消は、「身土不二《しんどふじ》」の考え方が根底にあるということである。これは、私たちの身体と土は二つではない一つだという東洋輪廻思想であり、仏教の教えでもある。食べものは、土の栄養を吸収しそれを私たちに届ける。したがって、土と私たちの身体を構成する必須元素(10)は、食料としての植物を介してほぼ同じだということになる。「土から得たものを食べ、またその排泄物は土へ返せ」という自然の摂理にかなった食の原点がここにみえてくる。

　第九に、地産地消は、農協と生協の「協同組合間協同」を基礎とした循環型社会・協同社会の実現に向け、「生命を大切にする社会システムの創造」を目指す。これまで経済学は、生産者（生産）と消費者（消費）を対立概念としてとらえてきたが、「生産は資源を消費し、消費は生命を再生産する」ととらえれば、じつは、生産と消費は一体となる。たとえば農業生産者は農薬使用を減らす工夫によって自らの健康を守り、消費者はその安全な食べものを食べながら自らの健康を守り、かつ農家の暮らしも守るという関係がそこに育まれる。この関係は農家と消費者は「対立関係」ではなく、互いに一体となって暮らしと健康を支え合う「共生関係」である。前者の「対立関係」は「お金と価格」が、後者の「共生関係」は「暮らしと健康」が、関係を結ぶ紐帯となる。後者は互いの暮らしと健康を守るために生産者と消費者が信頼関係で結ばれる。言い換えると、「生命を大切にする社会システムの創造」に向けて「協同組合間協同」の社会的意義が読み取れる。

　第一〇に、地産地消は地域主義である。それは地域の自立のことであり、地域の自立の根源は、地元でお金がまわることである。その地域の自立を否定する「収奪」は、商品が遠くから入ってきて、商品価値以上のお金が外へ持っていかれることにある。たとえば、地域通貨とかエコマネーによって他地域からの「収奪」を防ぎ、市場経済の健全な発達を促す。つまり、地域通貨によって地域内の物資がまわり、地域が支えられ、その土台の上に地産地消が花開くのである。

第一一に、地産地消のエリアについて触れておこう。地産地消は、「地域で生産された食べもの（農産物）を、地域内またはできるかぎり近い地域で消費すること」として、活動が展開されている。広義には、たとえば、都市部の消費者が農村部の直売所やレストランを訪れて農産物を購入する行為も消費者自らが地域を越えて、安全な農産物を求めて訪問することに加え、心理的な距離を縮めようとする側面も有することからすれば、これらも地産地消に含めることができよう。また、都市部の消費者が農村部の市民農園に自ら出向いて自家消費用の食料を生産するという行為も、広い意味で地産地消といえるだろう。また、農村部の産地が都市部にアンテナショップを出すことも、産地側が自らの距離を縮める努力を行っていることに加え、そのアンテナショップに来た消費者が、その産地を「自らの産地」と意識しているとすれば、これも地産地消と呼ぶことができるだろう。

このように、地産地消運動は、生産地側と消費地側が互いの考えに基づき「食」と「農」の距離と時間を縮めようとする多様な運動として広くとらえることが重要である。したがって、地産地消のエリアは、「食」と「農」にかかわる人びとが「食の安全と安心」を求めて互いに接近し、「顔の見える関係」と「信頼関係」を求める生産者と消費者の集まりを可能とするエリアであると考えられる。

第一二に、市町村による市町村内産農産物の生産・消費拡大、JAによる管内産の生産・消費拡大、県行政による県内産の生産・消費拡大も地産地消の精神に即したものとして了解できるであろう。

たとえば、兵庫県では、ひょうご認証食品制度（二〇〇四年七月に創設。推進委員会委員長：池本廣希）によって、県内産の農産物・畜産物・水産物・加工食品について「個性・特徴」「安全性の確保」「安心感の醸成」をその認証基準とし、県内生産の消費流通を進めている。これも地産地消の推進の一躍を担っている。二〇〇八年二月、兵庫県認証食品の商談会が大手のスーパーや認証食品の生産者団体を含め、約二〇〇人参加のもと開催された。主催者の兵庫県農林水産部農政企画局消費流通課の関係者の話によると、最近の輸入食品の安全性の問題が問われるなか、これが追い風になったのか、バイヤーの認証食品に対する関心も高まっており、商談成立件数が三件以上もあった生産者は六割にも上ったとのことであった。

以上述べてきたように、地産地消は、農林漁業のアニマシオン（活性、躍動）を目的として、地域の再生・自立を実現し、旬と地元の味を深く味わい、個性豊かな地域分散型社会を創造する。そのことが同時に私たちの生きる力の回復につながる運動である。地域で生まれ、育ち、地域の食材、伝統食を守り、かつ地域内外の共生・協同と信頼を深める。そして、それは「食の安全・安心」から「生活の安全・安心」を求めて、「生命を大切にする社会システムの創造」を実現することにそのレーゾン・デートル（存在理由）がある。そのためには、地域の伝統的生活文化の伝承と創造を持続しながら、地域の栄養循環と水循環の構築が不可欠である。

## 4　地産地消の望ましいあり方

ところで、地産地消は、産直や青空市場とどこが違うのであろうか。それは、「身土不二」の考え方が根底にあることで峻別される。産直や青空市場は、中間経費の削減と同時に、安くて、新鮮でおいしいが売りであった。しかし、「身土不二」は、食生活において健康を維持するためには「自分の住んでいる土地で採れたものを食べよ」という予防医学思想が脈打っている。

では、その住んでいる土地の範囲はどうかというと、一日かけて自力で歩いて行って帰れる範囲だと考えるので、三里四方（半径約一二キロ）とか四里四方（半径約一六キロ）のエリアということになる。自力で移動できる範囲であれば、水や食べものの確保においても、何が起ころうが、どんなことになっても守れるのだという危機管理の考え方がそこに生きている。

一方、地産地消を支える農林漁業の現状はどうなのか。日本農業に未来はないといわれて久しい。生命産業の農業の解体は、都市の解体も結果し、地域社会の崩壊を招き、つまるところわれわれの生命の否定にもつながる。それは、戦後高度経済成長政策のなせるワザであったと言わざるをえない。すなわち、一九六〇年代の高度経済成長期において、経済至上主義のもと農村から都市へ労働力の地すべり的移動にともない、挙家離村・出稼ぎの続出・専業農家の激減と兼業農家の激増を結果し、農村社会、地域社会の崩壊を招いた。

今、地産地消を考える場合、この戦後農政の半世紀の反省を謙虚に受け入れ、地域の再生・自立が急務であること、このことを理解することが重要である。また、地産地消はスローフード運動とセットに考えられるが、そのスローフード運動はスローライフとセットとなる。今を生きる私たちが、生きるということの意味（土から離れては生きられない）を生活の原点に立ち返って掘り下げ、スローライフへの生活の意識変革と実践がいかにしてなされるのか。これは、地産地消を生活に根づかせるための方法論でもある。

ところで、わが国の食料自給率は、二〇〇七年いよいよ四〇パーセントの大台を割り、三九パーセントになってしまった。また県内自給率となると都市部をかかえる都府県（東京都：一パーセント、大阪府：二パーセント、神奈川県：三パーセント）では惨憺たるものである。これは、食料自給を大前提として自由を尊ぶフランスでは考えられない数値である。今でも、大都会パリのど真ん中で朝市が、「木曜朝市」として賑わっている（**写真3**）。いかにわが国が自立できていないか、いかに食べものや地域を軽視してきたのかがわかる。同時にこれらの問題は、地産地消だけでなく、国民の自由権にまで及ぶ問題であることを肝に命じておくべきである。

これらのことを念頭に置き、あらためて食料自給を担う一次産業の再確認をしておこう。農林漁業は、人間が生きるために労働を媒介にしてはじめて自然に対して働きかける生業（なりわい）であった。したがって、この農林漁業を飛び越えてわれわれは生きていけないし、産業社会も成り立たない。農林漁業が産業化した一次産業の基礎上にこそ二次、三次産業が成り立つこと、これもまた自明のことである。

そのように考えるとそこにもう一つ、大事なことが浮かび上がってくる。それは「土から得たものは土に返せ」という教えである。四大文明の発祥の地は、いずれも大河と肥沃な土があった。しかし、今やそれらの地には背後に大砂漠地帯を控えてしまっている。その原因は一つ。「土から得たものを土に返さなかった」からだということである。これでは土の栄養が奪われるだけで、肥沃な土は痩せてしまい、やがて土は不毛の砂漠と化し、今日の荒廃の土台をつくってしまった。

**写真3　パリ市内カルチェラタンの木曜朝市**
店頭では新鮮な魚が直売されている。

E・F・シュマッハーは、「環境への支配を維持しようとするなら、自然の法則に行動を順応させなければならない。自然の法則を妨げようと試みれば、人間を支える自然を破壊するのがつねである。そして、環境が急速に悪化するとき、人間の文明は衰微する。ある人は、文明人は大地を越えて前進し、その足跡の中に砂漠を残したと言っている(11)」と警告する。

以上の教訓から私たちは、その土地で採れたものを食べ、食べた後の排泄物を土に返すことの大切さを了解しなければならない。その重要性は、私たちが生きていくためには、何を食べるかではなく、食べた後の排泄物をどう土に返すか、ここに食と健康のスタートがあるのだという自覚である。土から得たものを土に返さず、あたりかまわず捨てていくと環境破壊につながる。しかし、その同じ排泄物を土に返せば、それが土の栄養となり文明の永続につながるのである。排便とまでいかなくとも、家庭から出る生ゴミを家庭菜園に返すことから始めてもいいかもしれない。

言い換えれば、土に栄養を届けることから生命系の世界はスタートするということである。食生活も排泄する行為が前提となって摂食できるということ、すなわち、食を取り巻く生命系の世界は、食の摂食よりも排泄にあるということである。じつはここに、地域での栄養循環や循環型社会を考える秘訣があり、地産地消の本質が潜んでいるのではなかろうか。

では、以上のような地産地消の望ましいあり方を実現するための運動論はどう考えたらいいのだろうか。これまで労働組合運動によって、賃上げ闘争だけでなく、生活改善運動も叫ばれてきた。しかし、その運動はどこまで有意味であったのだろうか。生命の再生産の観点からみれば、労働力の再生産のための賃上げは必要条件であって、十分条件ではない。賃上げの後、サイフの紐をゆるめ、高価なステーキや養殖ハマチやタイを腹いっぱい食べて生活習慣病を患ってしまっては元も子もない。したがって、安全で安心した暮らしの実現、すなわち生命の再生産のための生活改善運動が論じられてこそ意味をなす。なぜなら、労働力の再生産を生活費の保障にとどまらず、さらに生命の再生産費にまで掘り下げ、そこに軸足を置いた運動が叫ばれなければ十分でないからである。

その運動は、生産者と消費者の「顔の見える関係」や「信頼関係」をどのように実現し、その関係を基礎として「地産地消」や「農協と生協の協同組合間協同」がどう実現されるのかが問われてしかるべきである。従来の組合運動に変わって、一九七〇年代の食品公害や有吉佐和子の小説『複合汚染』などが引き金となり、「合成洗剤を使わない」「食品公害を追放する」「安全な食べものを求める」といった消費者運動や食生活改善運動が、主婦や市民を中心とした市民運動となって全国に広まった。

これまで経済学は、生産者と消費者を対立概念としてとらえてきた。しかし、生命の再生産を重視した地産地消や産消提携は、生産者も消費者もともに生命と健康を守るために互いに支え合い、信頼・協力・共生関係が不可避のものであるということにようやく気がつきはじめた。循環型社会・協同社会の実現に向けて地産地消をキーワードとし、「生命を大切にする社会システムの創造」に向けた新たな消費者運動が始まった。

## 5　資本の論理と生命・生活の論理の峻別

ここで、資本の論理と生命・生活の論理を峻別するため、資本主義的市場経済について考察しておこう。

資本主義的市場経済とは、商品を基礎として成立している世界である。その商品とは、最初から利益を目的として生産された生産物のことである。それゆえ、交換される商品の間に、質を異にする使用価値の存在と量を等しくする交換価値の存在、すなわち異なった使用価値と相等しい交換価値の存在を前提する。したがって、商品交換は、交換される商品の間に、異なったものと相等しいものとの存在があってはじめて成立することになる。これは、矛盾である。矛盾の関係の中で商品交換は成立しているのである。

さて次に、商品所有者にとって、最大の関心事である商品の使用価値とは何なのか？　交換価値とは一体何なのか？　ということの理解が資本主義的市場経済の基礎となる。つまり、資本主義的市場経済において、商品所有者にとっての商品の価値は、「直接にはただ、交換価値の担い手でありしたがって交換手段であるという使用価値を持っているだけである」[12]ということである。

この場合の使用価値は、交換することによって実現する価値となるので、商品所有者は、商品の直接的使用価値の獲得ではなく、交換価値の担い手としての使用価値の獲得に関心を寄せることになる。しかもそれは、交換されなければ意味をもたない使用価値であるので、売り手はその商品の使用価値の内容、つまり使用によって生じる問題は買い手の問題だとして切り離す。売り手が関心をもつのは、価格面でのいい条件で買い手がつくかどうかということだけである。

これでは、商品所有者にとって、商品の質は二の次になり、安くて質の悪い商品が出回ることになる。これまで頻繁に生じていた欠陥商品や今でも後を絶たない「食品偽装事件」の根源がここいらへんに見え隠れしている。

これに対し、商品の買い手である消費者は、生活の安全・食の安全を念頭に購入するため、商品の使用価値に関心を寄せるのである。ここに商品をめぐって、生産者と消費者との間に亀裂が生じる。つまり、生産者、すなわち企業・メーカーの資本の論理と消費者の生命・生活の論理との間に対立関係が生じる。

この両者の対立は、最初から企業・メーカーの資本の論理に軍配が上がる。なぜなら、大組織体を有する企業・メーカーに対し、消費者は無組織集団であるがために、つねに弱い立場に置かれているからである。

この使用価値に関心を集中する消費者が、生協を核に組織立てられ、連帯することは生活を守るためにも重要である。消費者は、資本の論理の配下に組み込まれないように、主体的な生活を守ることが何より大切である。現在広がりつつある地産地消運動の全国的展開は、その資本の論理から生産者と消費者を守り、直売所や道の駅での売り手も買い手も生き生きとし、市場経済の健全化をもたらすだろう。同時にそれは、現代の人びとが見失った「自分の居場所」の再発見やコミュニケーションの場となる「台」の再生につながる。さらに、食の地域自給率の向上や「食と健康」・環境問題の前進にも通ずるであろう。文字どおり食は「人を良くする」のである。

では、その前進とは何だろうか。それは、生命体がその生命活動を阻害するものを取り除く運動である。したがって、それは生命に危害をもたらすと思われる商品や汚れた空気、水、危険な食品など、生命に直結するすべてのモノに厳しい目を向けるということである。ここに、経済学は新たに、狭義の経済学である市場経済を超えた広義の経済学、すなわち、自然と人間の物質代謝の過程、あるいは生態学の法則を取り込んだ経済学の構築が要請されてくる。この点、玉野井芳郎の以下の指摘を引用し考えてみる。

「今日、生産と消費の連携の基礎にある生態系の存在が明示され、その生態系が脅威をうけている事実が社会問題となってきたことは、消費過程に労働力の生産過程の外観を強制する資本主義的市場経済の形態にたいして、いわば社会的実体がこの外観を拒否するにひとしいとでもいえるだろうか。……資本主義的市場経済はその内部でつくりだした資本の生産力をもはやそれ自身の市場的規模で処理できなくなったということにもなる。この点、近代経済学はいわゆる『市場の破綻』をみとめて、問題の解決を非市場経済にゆだねることを示唆したともいえる。というわけで、これからの経済学は、社会の生産と消費の関連をこれまでのように商品形態または市場のワク内でのみ捉えることをやめ、あらためて自然・生態系と関連させて、したがって広義の物質代謝の過程としてとらえ直さなければならなくなってきた。経済学史における大きい転換点といわなければならない[13]」

この玉野井の見解によると、労働力の再生産が困難になったのは、これまでは生活費の回収の問題から生じていたのであるが、今や、生産と消費を支えてきた生態系が崩れることによって、困難になるという新しい現象が見受けられるようになったということである。ついては、労働力商品を擬制的商品としての外観を強制する資本主義的市場経済が破綻し、これからは生産と消費を市場の枠組みを超えて、広義の物質代謝過程まで広げてとらえ、生命系の世界を重視した経済学が必要になってきたということである。

資本主義の崩壊が、旧弊を払拭し新生社会の蘇生につながるなら社会的意味はあるが、資本主義の崩壊と同時に、文明社会そのものまで崩壊してしまっては元も子もない。それは資本主義的市場経済が、その活動の始点では自然界から資源・エネルギーを大量に奪い、終点ではその同じ自然界に大量の廃棄物や廃熱を捨てるシステムを宿しているからである。

換言すれば、地下資源をタダの財であるかのごとくして奪うだけ奪い、その後、用済みとなった廃棄物をところかまわず捨てる。これでは、外部不経済の蓄積とともに資源・エネルギーの枯渇と地球環境破壊が相乗的に進行し、文明社会の終焉に弾みがかかる。
かくして、価値（交換価値）優先の資本主義的市場経済は、天然の宝庫である土地からタダの財として資源・エネルギーを奪い、人間からは安上がりの労働力を搾り取る。その結果、土地からも労働者からも徹底的に価値を奪い取っていくのである。挙げ句の果てに、それは、生態系の危機にまで及んでしまい、自然の再生も労働力の再生産も危うくし、資本主義の生存基盤と同時に、死に瀕した生命系の世界をもたらすことになるのである。

**註**

（1）大内力『日本農業論』岩波書店、一九六八、三一七頁
（2）池本廣希『増補改訂版　生命系の経済学を求めて』新泉社、一九九八、一〇三―一〇九頁
（3）E・F・シュマッハー『人間復興の経済』斎藤志郎訳、佑学社、一九七六、八三頁
（4）同上、八三―八四頁
（5）同上、八四頁
（6）二〇〇〇年に所秀雄を代表としてスタートし、市民レベルでの食料や農業を考え政策に反映させるための運動を食の自給と安全の全国運動として展開している。
（7）富山洋子「フードアクション21」ニュース四九号、二〇〇七年七月二〇日、一〇頁
（8）同上、一〇頁

（9）池本廣希「協同」兵庫県農協中央会、二〇〇二年一一月号、六頁

（10）生物が生まれ、育ち、繁殖するという生活環境を完結するために、欠かせない元素。高等植物の必須元素は、一七種あり、多量元素と微量元素に大別される。必須多量元素（一キログラム当たり二一三〇グラム）は炭素（C）、酸素（O）、水素（H）、窒素（N）、リン（P）、カリウム（K）、カルシウム（Ca）、マグネシウム（Mg）、硫黄（S）の九種、微量必須元素（一キログラム当たり一〇〇ミリグラム以下）は鉄（Fe）、マンガン（Mn）、ホウ素（B）、亜鉛（Zn）、銅（Cu）、モリブデン（Mo）、塩素（Cl）、ニッケル（Ni）の八種類である（『農業技術事典』農山漁村文化協会、一三二〇頁）。

（11）E・F・シュマッハー『人間復興の経済』斎藤志郎訳、佑学社、一九七六、七七頁

（12）マルクス・エンゲルス全集第23巻a『資本論　第1巻』大月書店、一九七三、一一四頁

（13）玉野井芳郎『エコノミーとエコロジー』みすず書房、一九七八、五一頁

# 第2章　地産地消の実践

## 1　地域内生産・地域内消費促進運動

今、地域内で採れた農産物を地域内で消費しようという運動が、地産地消運動として全国的に広がりはじめている。地域内というエリアでは「顔の見える関係」「互いに信頼し合える関係」に基づいて、新鮮で安全・安心な地元の食べものが口に届き、旬を味わえるという消費者にとってのメリットが存在する。また同時に、生産者にとっても安全な農産物を届けることによって、自らの健康と経営の安心が得られるというメリットが存在する。

従来、生産者と消費者は利害が対立する関係にあると考えられてきたが、ここでは、安全で安心な暮らしの実現を求めて生産者と消費者が「共に支え合って生きる」という信頼関係が芽生える。しかし、この地産地消運動の広がりは、輸入農産物の増大や極端に低い自給率の裏返しであり、それだけ食の安全・安心が崩れていることの証でもある。

ただ、この地産地消運動は、新しい地場流通を生み出し、地元直売所とともに既成の農産物流通のあり方を見直すきっかけとはなったが、その後の対処ができていないのが現状である。現在の流通は、従来からある卸売市場流通や産直型流通、さらに最近の電子商取引やインターネット取引などが加わり、多次元流通が一般化しつつある。

ところで、地産地消運動は、いのちを大切にする循環型社会の創造に向けて、食の地域自給率の向上や道の駅などの直売所におけるアグリビジネスの振興、スローフードや食農教育の推進、有機農産物の推進と食の安全などを具体的目標に掲げている。この目標達成のためには、「顔の見える関係」や「互いに信頼し合える関係」を紐帯とした生産者と消費者が、「共に支え合って生きる」循環型社会の実現が決め手となろう。

また、学校給食へ地場産の食材を地域ぐるみで提供することは、地産地消をとおして地域の教育力の向上や世代間交流の場にもなるのではなかろうか。たとえば、子どもたちは、知育・徳育・体育に加え、食農教育をとおして、地域の産業や歴史・文化・伝統を学び取り、「生きる力」を鍛錬することができる。

さらに、核家族化と少子高齢化が進む中で、かつて学校が地域ぐるみで運動会を楽しんでいたように、学校を中心にして地域が丸ごと家族となり、地域ぐるみで地産地消の学校給食を考えてみてはどうか。元気な一人暮らしの高齢者が老後の畑仕事で作った野菜を学校へ提供し、これを子どもたちと一緒に味わってみてはどうか。月に一度でもいい、学校給食が地域に開放され、教室で食卓を囲み異世代間交流の場ができ、子どもにとっても高齢者にとっても楽しい団欒の場となるのではなかろうか。

兵庫県農業協同組合中央会では、この地産地消運動に先立ち、「地域の消費者から支えられ期待される農業をしっかりと確立しよう(1)」とのスローガンの下、一九九〇年度に兵庫県農協営農振興方策（アグリプラン九〇）を策定し、実践を図っていく方策を打ち出した。その中で「地域住民に支えられた〝いきいき農産物づくり〟をすすめる」とのスローガンを掲げ、元気な地域農業づくりの政策を開始した。

〝いきいき農産物づくり〟とは、「地域内生産・地域内消費促進運動のことであり、地域の『域』と『生きる』をもじり、この運動を促進していくことによって、地域をより『いきいき』と活性化させていこう(2)」という期待を込めて名づけたスローガンである。この趣旨に沿って県内のいくつかの農協がモデル的に運動を始めた。その一つに稲美野《いなみの》農業協同組合の「いきいき農産物づくり運動」がある。この運動のさきがけとして、いなみ朝市の先駆的実践がある。

## 2 いなみ朝市から地産地消応援団へ

兵庫県加古郡稲美町において朝市が始まったのは、一九八七年七月であった。その主な契機は、以下の二点であった。(3)

第一点として、トマトの優品や良品が卸売市場では有利に販売しにくいため、直接地元で提供すれば美味しくて、安く届けられるメリットがあると判断し、八七年四月から始めたトマトの無人店舗販売が好評であったこと。

第二点として、稲美町内で農家と新住民混住化が進む中、地元産品に対する地域住民の要望が強まったこと。町民三万人強のうち非農家が二万人を占め、この新住民からの地元農産物の要望に応えることから始まった。

かくして稲美町役場が朝市の場所と駐車場を無料で提供し始まった。そして、翌八八年四月一日には、「いなみ朝市実行委員会」と「いなみ朝市運営委員会」が結成され、本格的にスタートした。

朝市は、当初から賑わい、町外からも多数の消費者が自家用車で来訪した。やがて駐車場の収容能力を超え、路上にはみ出す迷惑駐車も増えてきた。稲美野農業協同組合が、一九九一年四月一日に稲美天満、母里《もり》、加古三農協の合併によって開設され、これを機に場所を一時、「農協カントリー」の駐車場に移し、現在はＪＡ兵庫南の「ふぁーみんＳＨＯＰいなみ」の駐車場で、毎週土曜日の早朝開かれ、今日に至っている。

いなみ朝市に出荷し、販売できる人は、原則として稲美野農協管内の農業生産者であって、朝市をとおして町民に新鮮な地場野菜を供給し、チームワークを大切にして、生産者と消費者との連携を広めることに賛同し、自主的に実行委員会に加入した者に限られる。つまり、朝市の主旨を理解し、消費者との交流を意識的に高めようとすることを重視し、収益性はその結果だと考える者に限られている。

会員は、現在九〇名を数えている。生産者七八名、団体（生産部会等）一〇団体、その他業者二名（魚や果実の小売業者）である。会員が朝市で販売する品目については、自らが生産したものに限られるが、その品目の選択は会員の自主性にまかされている。ただし、メロンとイチゴは主に生産部会が販売し、米は農協が独自ブランドで販売している。価格については、各自が自由勝手に決めるというのではなく、近場の卸売市場（加古川市場など）の前日ないし前々日の卸売価格のほぼ一割増し程度を目安にして決めている。それでも朝市の価格は、小売値に比べると一〜三割程度割安になっている。ただし、稲美野農協を代表する銘柄品であるメロンについては、小売値と同程度の価格を売値にしている。

また、複数の出荷者が同一の品物を販売する場合は、互いに相談して決めるという方法をとっている。なお、価格決定方法で注目すべきことは、販売代金や釣銭の計算を簡略化するため、端数が生じない値段にしている。たとえば、トマトが一袋で二〇〇円、スイカが一個で五〇〇円、カーネーション一束で三〇〇円という具合に。

一方、農協の役割は、いなみ朝市実行委員会の事務局を担当し、朝市運営主体の中心的役割を担っている。園芸課職員は、開催日には早朝から出勤し、朝市の段取りと集金も担い慌しい。当日の売上代金を集めて各人の農協貯金口座に振り込み、またその売上高から五パーセントを差し引いて、朝市の運営費として積み立てる仕事を担っている。なお、これまでのところ農協手数料の徴収は行われていない。

朝市で販売する生産者会員、ないしその家族などの関係者は、前日または当日早朝に収穫し、軽トラックで会場に持ち込み販売する。売り場は、軽トラックをバックにして収穫物を荷台に陳列し販売する。一農家一台である。なお、売れ残りについては、各出荷・販売者の責任で処理することになっている。

以上のように朝市を運営してきた結果、その成果として以下の三点をあげることができる。

(1) 新規の販売ルートを開拓し、所得向上の一助となった。これまでの販売ルートは卸売市場に出荷する以外なかったが、その販売ルートが増えた。それに加え、卸売市場では入荷を受け入れてくれなかったロットの少ないものや規格外のもの、および自給用野菜や漬物、そして花なども販売できるようになった。朝市形態での販売ルートは、零細規模農家にとって、今後、地域農業を支える重要な柱の一つになりうる。

（2）生産者（農村）と消費者（都市）との交流が深まり、「顔の見える関係」が築かれ、都市と農村を結ぶ稲美町の新しい役割が確認できた。朝市に固定客がつき、常連となってきたのは、農業・農村を身近に実感できる楽しみのあらわれである。

（3）朝市では、少量多品種の販売が好ましいことから、零細な生産者の「やる気」を促し、高齢者の「生きがい」を喚起し、地域の活性化につながった。従来なら、彼らの作る農作物は市場流通の規格外扱いになるか、自給用であったが、朝市での販売が可能となり、あらためて農業に対する取り組みの意識が変わった。

最後に、いなみ朝市の今後の課題として、以下の三点をあげることができる。

（a）朝市での売れ残りの処理についての工夫が必要である。売れ残りはどのように工夫してもつねに抱える宿命のようなものだが、今後、農家が安心して農産物を朝市に持ち込むためにも、朝市以外に生協や量販店に販路を広げるような、連携可能な方法を工夫すべきだろう。

（b）週一回の開催日を複数日に増やす努力が必要である。現在のように週一回の開催では零細規模の生産者においても、朝市専用の圃場を確保することは難しい。

（c）農業生産を持続し、農業経営を安定化するため、価格決定を生産者主導型にする必要がある。

たとえば、有機農産物の価格は、産消提携で「顔の見える関係」「互いに信頼し合える関係」が形成されることによって、豊作時における低価格、不作時における高価格にわずらわされることなく年間通じて固定価格で売買される事例がある。

ここでの価格決定は、決して市場価格を無視していない。年間通じた一定の価格は、生産者は豊凶時の価格変動で損益勘定が相殺されると考えている。したがって、農産物を紐帯として生産者には経営の安定が、消費者には食の安全が保障される。朝市においても生産農家の経営が破綻すれば元も子もないので、旬に合わせて農産物を購入するのと同様、価格決定においても生産者に消費者が合わせるというあり方の理解が必要である。

稲美町では、以上のような、いなみ朝市にみられる先駆的な地産地消運動が展開されており、これがさきがけとなって、地産地消応援団を結成するフォーラムが、二〇〇六年一一月一五日に稲美町コスモホールで開催された。その時採択された宣言文を以下、掲載しておこう。

「東播磨地域は、豊かな農村地帯と瀬戸内海に面して、水稲や麦、キャベツやトマト、軟弱野菜などの農産物、加古川和牛や鶏卵などの畜産物、また、鯛やたこ、のりをはじめとする水産物など、多彩な食べ物が生産されています。身近で生産された食べ物を地元で食する『地産地消』により、これら東播磨の農の恵みを次代まで守り育てることは私たちの責務です。このため、新鮮・安心・おいしい農産物等を生産・供給する生産者(HIROME隊―広めたい)と、地元農産物等の積極的な消費・購入を通じて地域の農林水産業を支える消費者(SASAE隊―支えたい)、さらに流通・加工・飲食業なども参加する『東播磨地域　地産地消応援団』をここに結成し、共に支え合い、相互に顔が見え、話ができる積極的な活動を展開し、東播磨の豊かな食と農を守る地産地消を推進することを宣言します。

平成一八年一一月一五日

東播磨地域　地産地消応援団

SASAE隊代表　ふぁーみんSHOP本部協議会副会長　大西忠美

HIROME隊代表　東播磨消費者団体協議会安全部会長　宮崎恭子」

## 3　地産地消と食育

次に、農水省は地産地消をどのように取り組もうとしているのかみてみよう。これついて「フードアクション21ニュース」四九号(二〇〇七年七月二〇日)の地産地消の記事から拾ってみる。「『地域で生産されたものを地域で消費する』という形で地産地消の取り組みを進めている。食料・農業・農村基本計画のなかにも、生産者と消費者の『顔が見え、話ができる』関係づくりを目指して取り組みを進めていくことが望ましいと明記されているので、農水省では、生産者の側に立って地産地消に取り組んでいる(4)。」

その具体的な政策として次の四つを指摘している。①地場農産物を提供する直売所の設置、②地場農産物を活用した学校給食の実施（食育基本計画に沿って進め、数値目標も掲げている）、③量販店に地場農産物コーナーの設置、④食教育の一環として、これまでなされてきた学校における交流活動の拡充（生産者と消費者の意見交換会や試食会を実施し、地元に住んでいる人びとに地元で生産された作物を知ってもらい、その食べ方も伝えていく）。

二〇〇五年度末現在、直売所は全国で一万三〇〇〇カ所（無人、車両販売は含まない）に達しており、一カ所当たりの年間販売総額は七七五〇万円、うち地場農産物は約五〇〇〇万円で、売り上げ総額の六四パーセントを占めている。二〇〇四年度は全国で約一万カ所であったので、一年間で三〇〇〇カ所増えたことになる。

農水省は、地産地消に取り組むメリットを次のように指摘する。「生産者と消費者の信頼関係の構築、消費者ニーズの把握と生産現場への活用、『食』や『農』についての理解、農業者の所得の多様化、……ひいては食料自給率の向上、あるいは地域経済の活性化につながっていく……産地では、直売所を利用した地場農産物の利用促進、観光施設や外食産業などでの地場農産物の利用促進、量販店における地場農産物の販売、……それが地域の新たな就業機会につながる(5)」と。

この地産地消のメリットについては、フードアクション21においても次のように農水省の意向を紹介している。「消費者と生産者の『顔が見え、話ができる』関係を作り、両者の信頼関係を構築し、消費者のニーズの把握と生産現場への活用、例えば、旬のものを旬にほしい等の消費者の要望に可能であれば対応していく。『食』や『農』についての地域のものを教材にして理解を深める。また、今までは規格外品については廃棄されていた農産物も食べ物としては何ら変わりはないので、消費者の顔が見える直売所での販売で活かしていく、つまり、農業者の所得の多様化が図れる。かくして、生産者は、規格外品からの収入と、直売による流通コストの削減が可能となり、さらに、少量・多品目という市場流通では可能でなかった販売方法も可能となる。これは直売所のメリットでもある。では、消費者の利点は何かと言えば、とにかく新鮮である。また、安心感がある。直接見て、聞いて、話して、生産状況が確かめられる。地場の多様な産品についておいしい調理方法などの話をしながら売り買いできるので面白い。また、生産者側について言えば、産地での競争力を強化することが可能となる。消費者のニーズが即座にわかるので、消費者のほしいものを作ることが可能になるので、生産者と消費者の良い循環につながっていく[6]」と。

食育基本法においても、学校給食などで地産地消に取り組んでいくことが示されている。また、食育推進計画では、学校給食一食に対する地場産の割合を、二〇〇四年度の全国平均二一パーセントから二〇一〇年度までに三〇パーセント以上にするという数値目標が掲げられている。また、二〇〇七年度に始まった地産地消モデル事業を採択した富山県氷見市では、二〇〇九年度までに国の数値目標より高い四〇パーセント以上を設定している。この目標を達成するため、地産地消に絡んだ農産物加工処理施設などの整備事業も始まっている。また、島根県木次町の学校給食では、すでに地場産を六八パーセントも取り入れている。

学校給食会は、地場産農産物を活用した食材を提供し、学校栄養士や教育委員会は、地場農産物を活用した献立作りにかかわる。消費者団体は、学校給食にどんなものが使われているのか、その実態をモニタリングや交流会を通じて把握をする。そして、学校栄養関係機関は、情報誌を発行し、具体的な取り組みを知らせる。何よりも生産者と農協と教育委員会を連携させていく役割として市町村の担当窓口がある。これらの諸機関・団体が連携することによって、地場農産物がより学校給食に活用されていく環境づくりが進むのではないかと農水省は期待する。

子どもたちに地産地消を伝えていく取り組みとして、高知県南国市は、二〇〇五年度に食育のまちづくり宣言を掲げ、取り組んでいる。通常の米飯給食だけでなく、炊飯器を買い込んで炊きたてのごはん、それに地場産のおかず、地場食材によるデザートという地産地消の学校給食を実践している。

さらに食育を進めるため、国は同年度より学校栄養教諭を制度化した。学校栄養士が栄養教員として教壇に立ち、地場産の食材を生かした給食の栄養指導をしながら、家庭科の時間には食事についての授業を受け持つ。本来的な栄養指導が始まったといえる。南国市の後免野田《ごめんのだ》小学校では、学校の花壇を野菜畑に変え、児童が栽培した野菜を学校給食の食材として生かしている。児童は、野菜の名前も自然に覚え、野菜の世話も楽しみとなり、野菜を好んで食べるようになったとの報告もある。(7)

二〇〇六年度からは、「給食甲子園」と題して、全国から地産地消をテーマとした学校給食の地元産の味と腕を競う学校給食のイベントまで開催された。第二回目の二〇〇七年度には、全国から一一六九校の参加があった。

また、全国各地で地産地消をテーマとして地域と学校と行政が連動しながら「まちおこし・むらおこし」が始まっている。たとえば、愛媛県今治市では、「今治市食と農のまちづくり条例」(二〇〇六年九月二九日)を制定し、学校給食と有機農業を中心とした「地産地消」運動を展開している。また、今治市内には、「菜菜(さいさい)きて屋」という地場産の直売所(**写真1**)と、隣接してさいさい農園を設け(**写真2**)、学童農園や一般社会人の農業体験の場として役立てている。

兵庫県三田市は、大阪、神戸という大消費地に近い地方都市だが、「田園都市三田」のネーミングで、パスカル三田(大手スーパー)がJA六甲と提携し、「地域まるごと食べよう」とのスローガンを掲げ、地産地消を広めている。旅館・ホテルにおいても地場産のものが食べられる取り組みが始まっている。山間部の温泉旅館で海のタイやハマチの刺身を出すのではなく、地元の鮎や岩魚の食膳を出すのである。こうした観光事業との連携も始まっている。さらに最近、婚礼における地産地消プランが登場した。伊丹市内のホテルが、「収穫祭ウェディング」と称して、ホテルと提携した地元農家の畑でカップルが自らサツマイモを植え、秋に収穫し、披露宴で料理の一品として招待客にご馳走するという企画である。(8) なかなか愛情のこもった地産地消である。

しかし、地産地消の考え方は決して一枚岩ではない。二〇〇五年を境に急速に広まった地産地消は、たとえば岩津ネギや丹波の黒豆のように、その広がりとともに地場産物のブランド化をもたらし、広がれば広がるほど消費圏を地場産からはるか遠くへ隔てることになり、嬉しい悲鳴ではあるが、地産地消運動のジレンマとなっている。

さらに気になることは、食料・農業・農村基本法(新基本計画)の施行にともなって、農政の方向が今、大きく変わろうとしていることだ。WTOによる自由貿易の強化の下で、国際競争に耐えうる大規模農家のみを日本農業の担い手として支える品目横断的経営安定政策が、二〇〇七年産のコメ・麦・大豆・甜菜・でんぷん原料用ジャガイモから導入された。二〇〇七年の参議院議員選挙後の衆参ねじれ現象によって多少修正されはしたが、これによって零細規模の大半の農家は補助金の対象から排除されようとしている。繰り返すが、この農政大改革は、地産地消運動や二〇〇六年一二月制定された有機農業法の動き、あるいは農地・水・環境保全向上対策などとどう整合性をつけるのか。地産地消運動や有機農業法、農地・水・環境保全向上対策は、新基本計画の狙いをぼか

**写真１　菜菜きて屋**

今治市内にある道の駅。今治市では、市役所内に地産地消推進室を設置し、地産地消・食育・有機農業の推進を基本計画として「今治食と農のまちづくり条例」を制定・施行している。

**写真２　さいさい農園**

菜菜きて屋に隣接して「さいさい農園」を設け、農業体験や就農研修の場を提供している。

すための政策なのか。

次に挙げるのは海外の事例であるが、タイ東北部では、地産地消が「むらとまちを結ぶ直売市場」、あるいは「有畜複合循環農業」という有機農業にも連動している。乾期に備え自力で掘ったため池で魚を養殖し、ため池の周辺に田んぼを作り、雨期のスコールでため池の水が田んぼにあふれて、そのとき栄養をたっぷり含んだ有機物が田の土を肥やす。果樹園では在来種の豚を放牧し、その糞で土を肥やしたり、ため池の上に鶏舎をつくり、その鶏糞を池の魚の餌にする。このように有機農業を主とした「有畜複合循環農業」が行われ、そこでの生産物は自前の市場＝「むらとまちを結ぶ直売市場」で売りさばく。産業化した食料生産・流通システムは、食の安全・安心を脅かすが、ここにみられる「有畜複合循環農業」は、それとはまったく別の世界にあるといえるだろう。

わが国においても、ため池でレンコンやジュンサイを栽培してきた。また、ため池で採れるヒシの実やハスの実や茎も食べてきた。さらに稲の収穫が終わると、ため池の水を抜いて魚を獲り、同時に底地を天日にさらし、その肥えた底土を田畑に鋤込み土づくりに役立ててきた。そして翌年には、そのため池はきれいな水で満杯になるのである。ため池については、第9章でくわしくみていこう。

**註**

（1）藤島廣二他「いきいき農産物づくり運動への取り組み状況と今後の課題」兵庫県農業協同組合中央会、一九九二、一頁

（2）同上、一頁

（3）同上、三三頁

（4）富山洋子「フードアクション21」ニュース四九号、二〇〇七年七月二〇日、一一頁

（5）農林水産省「第一回地産地消推進検討会議事録」二〇〇五年五月二七日、七頁

（6）富山洋子「フードアクション21」ニュース四九号、二〇〇七年七月二〇日、一一頁

（7）ＮＨＫ教育ＴＶわくわく授業「食べることから学びとろう」二〇〇七年一二月二三日放送

（8）神戸新聞、二〇〇七年八月二日付

# 第3章　市場経済志向からの脱出と「地産地消の経済学」

## 1　なぜ市場経済志向からの脱出なのか

現代を生きる私たちは、一九八〇年代末のバブル経済がはじけるまで、近代化・工業化・都市化に過度の期待を寄せ、便利で豊かな生活を求め、バブル経済に酔い、浮かれてきた。その一方で、それとは逆に、人と自然の関係や人と社会の関係を貧しくし、私たちの生活を支えてきた根源的なものへの畏敬の念を忘れてしまったのではなかろうか。その代償として一九九〇年代以降、バブル崩壊後の長期不況と経済のグローバル化にともなって、経済的格差が確実に広がってきた。貧困者(可処分所得が中位者の五割以下の者)が、全人口の一五パーセントを超え、貧困率の高さはOE

ＣＤ先進国の中で第三位にランクされている。なかでも眼を惹きつけるのは、「ワーキングプアー」（勤労世帯でありながら可処分所得が生活保護世帯を下回る個人ないし世帯）の急激な増加が社会問題化している。

一九世紀初頭にヘーゲルは、「欲求の体系」（市場システム）としての市民社会は持続可能でないという見解を示し、その理由を以下のように指摘している。「市民社会は、富がありあまるほどありながら十分に豊かではない、すなわち、ありあまる貧窮と賤民の産出を防止できるほど十分に市民社会に独自の資産をもたないのである」(1)。つまり、「富の過剰」とは、過度に巨大な富の少数者による過剰な集中ということであり、「窮民」とは、客観的な面での窮乏とともに主観的な面での社会への敵意（＝富める者や社会や政府への反逆）をもつアンダークラスを指す。

深刻なのは、今日このアンダークラスの敵意が、強者から弱者へ標的を変え、弱いものいじめ、すなわち幼児・老人虐待という仕方でルサンチマン化しつつあることである。この種のルサンチマンは、当の本人たちは気がつかないが、市場システムの欠陥を拡大再生産する役割を担うことになる。

他方、気がついてみると、自然・環境破壊も地球的規模で進行し、資源枯渇の危機に直面し、石油の枯渇は国際的にガソリン高騰を招き、それが諸物価高騰の引き金となり、消費生活を圧迫しはじめている。さらに、石油の代替エネルギーとしてバイオエタノールが注目され、その生産のために農地をトウモロコシ畑やサトウキビ畑へ転換する動向が急速に高まっている。人と車が食料を奪い合う時代が始まったのである。今を生きる私たちは、先行き不安な生活にさいなまれているのが現実である。

つまり、これまで生命系の世界を支えてきた水と土と緑が暮らしの中から遠のき、私たちの生きる糧が、身のまわりから、地域から消え失せようとしているのである。それは「世界の市場化」の中で、本書の冒頭でも述べた経済のグローバル化というモンスターが、あらゆるものを「時」も「場所」も超えて商品化しているからである。

食料においては、農作物の地域性、季節性を捨象し、夏野菜であろうと冬野菜であろうとおかまいなしに、農産物が航空便に乗って$CO_2$を吐き出しながら、赤道をまたいで北半球と南半球を縦断する。夏は体を冷ましてくれる夏野菜（トマト・スイカ・キュウリなど）が必要であり、冬は体を温める冬野菜（サツマイモ・里芋・レンコンなど）が必要である。それが旬である。

にもかかわらず、市場経済志向が強まり、極端に商品化した食料品が、その安全性や栄養価を顧みることなく、ただひたすらに飽くなき営利追求のために国境を越えた巨大なアグリビジネスとなってモンスター化し、消費者の健康や零細な家族経営農家が、そして地域社会がその餌食になりつつある。その行き着く先は、その地の自然・風土に密接にかかわり永年培われてきた、その地にふさわしい食習慣や食文化が短期間にして崩れ、そのため食の伝承も断ち切られ、地域社会や家族の崩壊を招いている。地産地消に止まらず、「旬産旬消」（旬に合わせて採り、旬に合わせて食べる）を声高にしなければならない時代になった。

これらの事態は、市場経済志向のなせる業だと言わざるをえないだろう。たとえば、市場経済志向は、競争の原理と規模の利益をバネにして「大量採取・大量生産・大量流通・大量消費・大量廃棄」を後押しし、「大きいことはいいことだ」で象徴される成長の経済学をプロモートしてきたといえる。この市場経済志向の経済学は、生産規模を大きくし、生産性を高め、そしてスピードと効率をアップすれば、それによって人びとは豊かになれるとしてきた。

確かに、市場経済は、効率的でスピーディーなシステムである。しかし、生態系という地球規模を超えた大きなシステムの中のサブシステムにほかならない。地球環境への影響などについては不完全な情報しか得られず、そこから「本当の価値」を知ることはできない。たとえば、原油価格は環境への影響による損失まで計算されていないし、自動車の価格にも大気汚染や交通事故による損失は反映されていない。

ところが、地球温暖化にみられるように、今日、市場経済化と生態系との衝突が、われわれ人間存在の基盤そのものに脅威をもたらしている。市場経済と生態系の間でほどよいバランスを保っていた間は、問題が表面化せず、自然の深い懐によって包み籠まれていた。しかし、今日のように、市場経済志向が自然の復元力を著しく超え、人間の都合によって自然を改造し、そのバランスが崩れてくると、問題が一挙に噴出する。

　つまり、市場経済志向が高じて市場経済万能主義が市場全体を覆いつくすと、生態系が維持してきた自然の秩序は攪乱され、水や食料に代表されるライフライン（生命線）が傷められ、そこでは、利潤獲得をめざした勝手気ままな資本の横暴を容認する資本主義的市場経済が支配的となる。その結果、お金にはならないけれども人間が生きていくためにはなくてはならない自由財をタダの財として軽視し、多大な自然へのツケ（$CO_2$排出による地球温暖化などのもたらす生態学的赤字）を残してしまった。

　さらに、一八世紀末から一九世紀にかけて起こった産業革命によって資本主義社会が確立し、マニュファクチュアーから機械制大工業の移行にともなって大量の労働者を創出する資本の本源的蓄積過程を経て、共有地（コモンズ）や農地の囲い込み運動（enclosure movement）による農村民の村からの追い出しが始まった。この農村民のプッシュ（押し出し）とプル（吸引）によって、都市部で労働力が商品化していった。それとともに資本家的経営と近代的国家が土地や資源に対する排他的所有権（近代的私有制度）を樹立し、共有地（コモンズ）や自然への畏敬の念を否定し、その土地に生きてきた人びとを暴力的に排除していったのである。

　やがて資本主義的市場経済は、公害や環境破壊、さらには人間疎外まで引き起こしてしまった。それは、資本の勝手気ままな独善的な一人歩きを制御できなくなった結果であり、そこに市場経済の欠陥が暴き出されたといえる。したがって、市場経済万能主義にブレーキをかけ、市場経済をコントロールする新しい経済学が要請されるのである。それはたとえば、市場経済の枠組みを撤廃し、学問の横断的思考、学際的思考をとおして、新しい社会経済システムを創造していく道、すなわちエコ・エコロジーやエントロピーの経済学がそれである。

時代を先取りするならば、これからの企業は、経営に環境経済と生態系の法則を取り込み、生命系の世界とともに歩むエコ企業への転換を図ることが肝心である。それはたとえば、低炭素型社会に向かって、水素をエネルギー源にする燃料自動車へのモデルチェンジや$CO_2$排出量をビジネスチャンスにいち早くチェンジする企業がそれである。つまり、生き残れる企業か否かの分岐点は、この転換ができるか否かの一点にかかっているといっても過言でない。その生命系の世界を生命線とするのは、水と土と緑、そして農業である。各企業間の競争は、この生命系の世界を大切にすることをこそ競うべきである。

しかし、スピードと効率を生命線とする市場経済においては、工業を優先し、農業は切り捨ててきた。さらに、農業を支える水や田んぼやため池は、市場経済の視野にさえ入らなかったのである。よく考えてみよう。人間の生命活動は、価格と効率の尺度が及ぶ範囲よりも広くて深い。市場経済の理論だけで、人びとの暮らしのあり方を決めようとすれば、社会生活は大きなひずみを引き起こす。長い間、市場経済から排除されてきたため池や用水路、また、村落共同体を維持してきた

「講」や「結い」などにみられる伝統的習慣は、市場経済の範疇に入らない。その村落共同体が支配的であった日本の農村では、いっそう無理が大きい。明治以来の工業化や市場経済化の進展は、農村経済の解体と地域の解体を迫りつづける過程でもあったといえる。

さらにまた、わが国の経済は、人口、資源活動のスケールにおいて土地の稀少性が高いがゆえに、土地の収益性を高める資源配分が生命線となり、そのため経済の比重を工業に特化し、農業は切り捨てる政策を打ち出すことになった。このことは、一九六〇年代の高度経済成長政策、所得倍増計画の実現に向けて着手された臨海工業コンビナートの建設と挙家離村や離農、そして出稼ぎ・兼業化とが表裏一体となり、日本列島が過疎・過密地帯に二分していったことにうかがえる。

一方、科学技術の世界では、その発達によって自然から人間が遊離し、自然を人間が支配するようになり、人間は自然の畏れに無頓着となり、自然の上に胡坐をかいてきた。しかし、先述したように、公害や化学物質や大気汚染などにみられる環境破壊が、生態系の許容範囲を超え出るようになり、今や人びとは征服したはずの自然からのしっぺ返しに恐れおののいている。まだまだ微少ではあるが、この恐れから人びとは、ようやく生態系の存在が、社会の生産と消費を連繫する自然の環であること、あるいは人間自身が生態系の中に生きている生物種のひとつにほかならないことを自覚しはじめたように思われる。

これは、地球温暖化に代表される環境問題がそれだけ深刻になってきたことの裏返しともいえるが、それだけではない。人間が環境を自分の都合に合わせて利用するのではなく、環境が人間を守り育ててきてくれたことの理解が広がりはじめたとの評価もできる。

こうした現代的状況は、自然と人間の物質代謝が市場システムの弊害を払拭し、環境と経済が、自然生態系との結びつきの基礎上にとらえ直されなければならないことを物語っている。言うまでもなく生態系（ecosystem）とは、植物（生産者）、動物（消費者）、微生物（分解者）が、土、水、大気などの自然的環境との間に繰り広げられる自律した世界である。

このエコロジーの世界が、エコノミーの世界と衝突しないようにするには、どう折り合いをつければいいのか。ここにきわめて重要な現代的課題が浮かび上がってくる。

本章の目的は、市場経済と生態系との衝突を食い止めるためにも、エコロジーとエコノミーとの接点を探り、工業化をテコとして走ってきた市場経済や近代化政策を批判し、市場経済志向からいかに脱出し、それがいかに地産地消につながるのかを明らかにすること、このことにある。そしてまた、市場モデルから排除されてきた田んぼやため池や用水路に着目し、従来の「生産」概念を再検討しながら、ポストモダニズムの萌芽を発見し、「地産地消の経済学」構築のための考察でもある。

## 2　市場の失敗

資本主義的市場経済は、本来商品となりえない労働力と土地まで、擬制的ではあるが、商品として組み込むことによって成り立っている。そこに無理はなかったであろうか。この点、市場経済にはなじみにくい米について検証してみよう。

**グラフ1**は、縦軸に価格を横軸に需要量をとり、りんごの需要曲線（PD）と米の需要曲線（PD′）を描いたものである。この図から、りんごの買い手は、価格が高ければ買い控えるし、逆に安くなれば多く買う。つまり、りんごの需要曲線はゆるい傾斜を描くことになり、価格のわずかな変動に買い手は敏感に反応していることがわかる。これに対し、米の買い手は、米の価格が高くても安くても買う量はそんなに変化がみられない。つまり、米の買い手は価格の変化には鈍感であることが読み取れる。それは、りんごは嗜好品であるのに対して、米は必需品だからである。

このように米に代表される生活必需品は、価格の変化だけで対応するものでないことがわかる。たとえば、一九九三年の冷害にともなう凶作で、国内消費量の約五分の一にあたる二〇〇万トンの外国産米が緊急輸入された。そのときの価格は国産米の五分の一も安かったにもかかわらず、通常の二、三倍も高値の国産米に買い手は殺到したのである。この「平成米騒動」によって消費者は市場経済どおりには動かなかった。これを境に、マスコミによるコメ輸入自由化に向けた「国産米は高いから安い輸入米を食卓へ」という国産米へのネガティブキャンペーンも影をひそめた。消費者は、慣れ親しんだ国産米が口に合い、おいしく食することで「食の安全・安心」を噛みしめ、米は市場経済になじまないことを実証したのである。

次に、「市場の失敗」についてみてみよう。**グラフ2**は、市場の価格メカニズムにまかせておくだけでは、社会的利益（△ABC）が減少することをみたものである。

従来の市場メカニズムでは、市場価格は需要曲線と供給曲線の交点をY軸に示す$P_1$で決まる。これまではこの需要と供給のバランスにまかせておくだけで、市場価格（均衡価格）$P_1$での需要量・供給量$R_1$が社会的利益を最大にすると考えられてきた。しかし、今日、市場経済の資本主義的市場経済化とともに生態系との衝突がエスカレートし、そこから生じる「公害」や環境破壊などによって、「ものを作りながら壊れたものの作る」ということ、すなわち「作ることは壊すこと」が認識されはじめた。後に、このことはエントロピー論でふれるが、この生産活動の結果生じる「壊れたもの」を「外部不経済」（作ることによって壊れたもの、たとえば煤煙や排気ガスや水の汚染などによって生じる被害）としてとらえ、これを内部化して処理していかないと、社会的利益を損なうこともわかってきた。これが「市場の失敗」である。

これを**グラフ2**から証明してみよう。市場メカニズムでの社会的利益は△ABCである。しかし、

「作ることによって生じる壊れたもの」、すなわち△ADCの外部不経済は、私企業がコスト計算しない。しかし放置していたら環境負荷が増し、社会的利益の損失は増える。そこで、社会的損失を最小限にするためにも社会的費用をかけてこの外部不経済△ADCを相殺しなければならない。かくして、△ABC－△ADCの結果、市場経済のもとでの社会的利益は、△EBCからさらに△ADEを差し引くことになり、大きな損失となる。これは市場メカニズムがはらむ資源適性配分上の欠陥であり、ここに「市場の失敗」の根拠が認められる。

この失敗を解消するため、たとえば、公害対策や環境政策などのテコ入れによって、外部不経済部分を内部化すると、その結果、限界費用に限界外部費用が上乗せされるので、市場価格は$P_1$から$P_2$に上昇する。しかし、この場合の社会的利益は、△ABCから△AECを差し引いた部分となり、△ADEの部分を相殺しなくてすむので、市場経済下の社会的利益にくらべそのぶん多くなり、純便益（△FO$R_2$）が最大となる。環境に対応する外部費用を内部化し、市場の価格メカニズムを修正し、「市場の失敗」の被害を最小限に止めることができる。

ところで、この限界外部費用の捻出は、どのようになされるのか。それは、各企業に対し公害対策の規制を強化し、これを遵守しない企業から環境税や炭素税、あるいは排出税などを徴収し、この税収をあてがえばいい。その結果、「市場の失敗」を回避し、市場経済にまかせきりにするよりも社会的利益の損失を少なくてすむ効果が得られることになる。

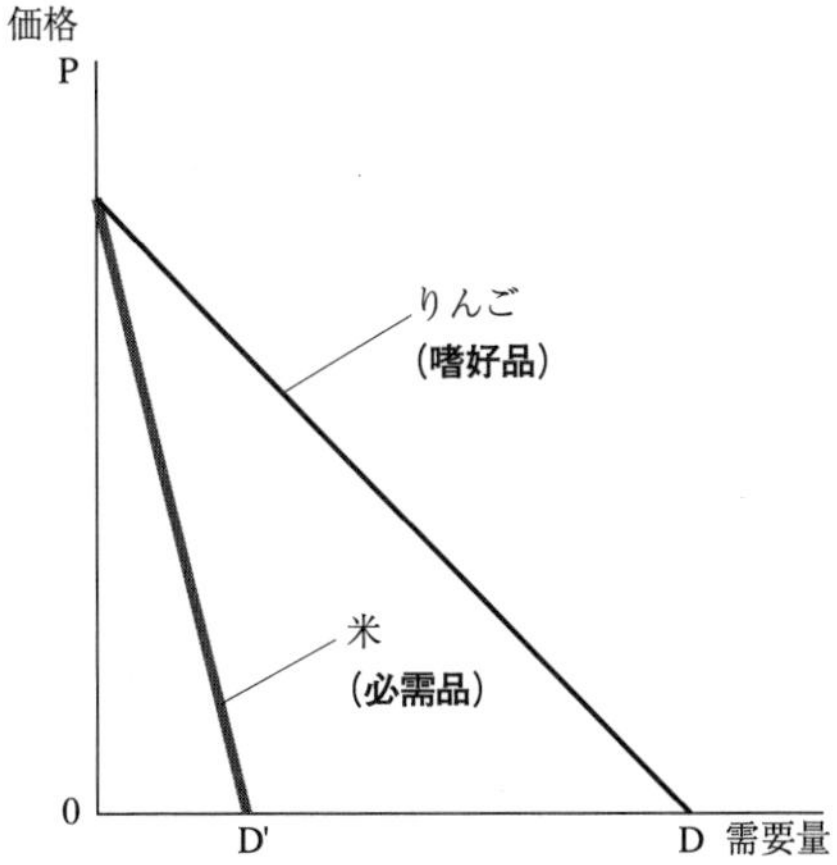


グラフ1　リンゴと米の需要曲線

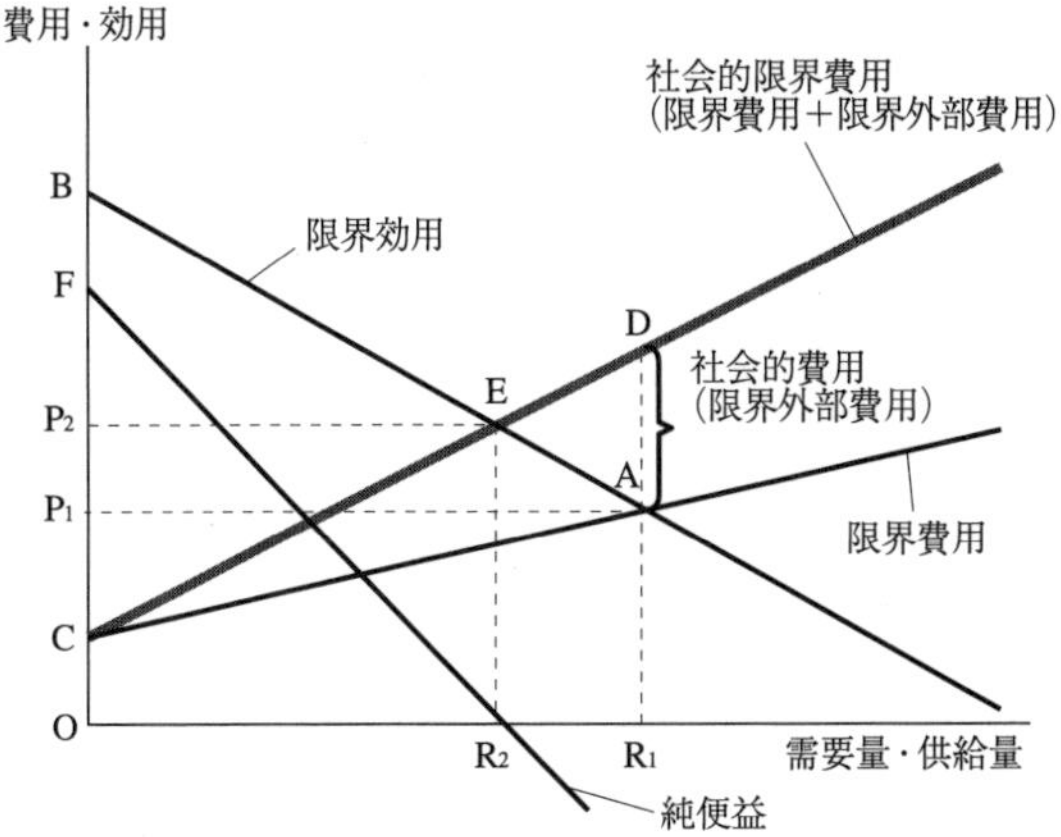


グラフ2　市場の失敗

## 3　資本主義的市場経済の反省

ところで、飯田経夫は、その著『経済学の終わり』で「『資本主義』もしくは、『市場経済』とは、平たくいえば、カネ儲けという行為を基軸として、すべてが回転する社会のことである[2]」と定義づけ、そのカネ儲け中心の市場経済社会に投げ込まれた人間は、少なくとも四つの無理を重ねてきたと指摘し、次のように述べている。

「『産業化』に伴う『四つの無理』によれば、現代文明をその最先端において担う先進国の人びとは、①搾取の無理―雇った人たちをとことんまでこき使う、②過労死の無理―自分自身の命を縮めてはばからないほどがむしゃらに働き、③帝国主義的侵略の無理―自国だけでなく他国にまで足を伸ばして、多大な迷惑を省みず、④地球環境破壊の無理―貴重な環境を惜しみなく破壊していささかも反省しない……等々の無理をあえてする[3]」と。

ここで飯田は、「産業化とは、『近代化』とあわせて、『近代化・産業化』というふうに使われることが多いが、……ここでは、『近代化』とは近代国家となるために必要な政治的な変化―例えば民主主義、『産業化』とは経済的な変化―例えば資本主義・市場経済……と理解しておこう[4]」としている。

このように「近代化」と「産業化」を区別したうえで、飯田は、人間にとってカネとは、自分の一命を投げうっても、死んでもいいと思えるほど妖しい魅力を秘めた存在なのであろうかと言う。私も同感である。資本主義的市場経済化が生態系に衝突し、カネに目が眩んでこれを破壊し、自らを支える土地と労働力まで破壊してしまっては元も子もないのではないか。今や危機に瀕しているのは、人類の生存そのものである。多くの人びとは、常態化しつつある異常気象や地球温暖化などの地球環境問題を体感し、生活の安全・安心に不安を実感しはじめている。

そこで次に、④の「地球環境破壊の無理」の視点から「市場の失敗」を考えてみよう。市場経済は、空気や水や土にみられる自由財と商品価値のない産業廃棄物・生ゴミなどを商品世界から排除する。その一方で、資本主義的市場経済は、先述したように、もともと商品にはなりえない土地や労働力を無理やり擬制的に商品世界の中枢に組み込み、自立的な運動を展開する経済システムである。そして、このシステムは、資本主義という自己調整的な市場社会で全面開花している。かくして資本主義的市場経済は、生産要素すべてを市場における商品の売買によって用意する。詰まるところ、擬制化した労働力商品を資本主義的生産関係の要とする工業生産をその社会の基盤としてつくり上げた。したがって、資本主義的市場経済とは、農業を基礎として確立するものではなく、農業から分離された工業を基盤とする特異な市場経済システムであると解釈できよう。

この市場システムにおいて、農業は、資本主義的工業から投影されるかぎりでの農業ということになる。ここに、農業の工業化とか、農業における資本主義的経営は可能かという議論は、自然と人間の物質代謝を基礎とする本来的農業から遊離していくことになる。

もっとも世界史上、農業の資本主義化を経験した事例は、一八世紀後半から一九世紀にかけてのイギリスだけである。今、われわれは、一九六〇年代の後半から先進工業諸国にまきおこった工業文明の空前の危機（公害問題、「市場の失敗」）を経験し、そうした危機を生み出さざるをえないシステムを宿す資本主義的工業文明や不健全な市場経済からの脱出を考えなければならない。

マルクスは、資本主義的農業の進歩について以下のように指摘している。「資本主義的農業のどんな進歩も、ただ労働者から略奪するための技術の進歩だけではなく、同時に土地から略奪するための技術の進歩でもあり、一定期間の土地の豊土を高めるためのどんな進歩も、同時にこの豊土の不断の源泉を破壊することの進歩である、……それゆえ、資本主義的生産は、ただ、同時にいっさいの富の源泉を、土地をも労働者をも破壊することによってのみ、社会的生産過程の技術と結合とを発展させるのである(5)」と。

飯田経夫は、資本主義的市場経済を反省して以下のように述べている。「人生にはカネに換えられない価値というものがいくつかあり、おそらくは、豊かになればなるほどその重要性は高まる。カネより『心』が大事だと考える人が増え、世の大きな流れがその方向を向いているときに、すべてをカネ儲けの話に還元してはばからない民営化論が異様な盛り上がりを見せ、その理論的バックボーンをなす新古典派経済学が隆盛をきわめる—というのは、どこかで歯車が決定的に食い違っているのではないだろうか[6]」と。

企業は、これまで競争的な市場のもとで、利潤追求を最大命題とし、その生産過程で$CO_2$なる副産物をまき散らし、地球温暖化を引き起こしても、市場の外部での問題、すなわち外部費用（外部不経済）の問題だとして扱ってこなかった。煤煙や工場廃液、騒音、振動など、生産過程から産出される負の副産物は、文字どおり「公害」ととらえ、「私害」であるという認識を欠いた。「公害」であるかぎり、市場の内部費用として私企業が会計処理するものでなく、社会的費用として行政がその対策を担えというものであった。この処理の問題点は、「私害」を「公害」としてあえて認識したことに起因する。

こうした「私害」を公的費用として外部費用で賄ってきたということは、経済政策を社会政策にすり替えたということにもなる。私たちは、家庭から出る生ゴミをまわりにまき散らし、この処理は市町村の責任だといって、私企業と同じように知らん顔をしてきたのであろうか。「環境はタダだ」との考えは、もう通用しない。

アダム・スミスの時代には、競争的な市場経済のもとで、封建的なしがらみを払拭せんがために人びとは自由な行動をとり、企業は利潤だけを追求しても、共同体が背後でこれを支えており、社会的に望ましい状態が達成されたと考えても通用したであろう。しかし、それは環境問題や公害などの外部性のない場合に限られる。今、地球的規模で環境問題が深刻化している現代に環境問題を抱えない場所など、どこを見渡してみても皆無である。

しかし、環境経済学の入門書には、「環境問題は市場の外部にあるため、市場メカニズムだけでは解決できない。環境問題は『市場の失敗』と呼ばれる市場メカニズムの欠陥の一例なのである(7)」との指摘がある。これは、地球的規模ともなった環境問題の源に市場経済の欠陥が潜んでいたことを裏づける。市場経済志向から脱出しなければならない有力な根拠のひとつがここにある。

だが皮肉なことに、ため池や中山間地はカネにならないために資本投下がなされず、市場メカニズムの洗礼を被らなかった。そのことが幸いして、ため池や中山間地は現在、糸を通す針の穴ほどの細いライフライン（生命線）によって守られたともいえる。これは、「人類のなしとげた繁栄が大きければ大きいほど、自然法則に逆らう文明没落の原因になった(8)」との逆説的認識と表裏一体の関係にある。ため池や中山間地は、大半は高齢者の手によって守られているが、自然法則に逆らって文明没落の原因となった資本主義的市場経済に取り込まれることなく、地域の財産や生命系の世界を尊重する人びとによって守られていることが、文明没落の回避になったとの示唆である。

ため池や静寂な里山、中山間地の田畑の価値は、まさにカネに換えられないからこそ、市場に取り込まれることから免れた。しかし、カネに換えられない価値とはいったい何だったのだろうか。それは、生きていくために水を守り、田畑を守ること、すなわちいのちを守り、生活を守ることであっただろう。そのためには並々ならぬ苦労のあったことが想定される。先人の切り拓いた棚田やため池築造にみられるその苦労は、厳しければ厳しいほど計り知れない価値を創造する。それは市場経済を超えて、地域の貴重な財産として残されてきたということである。しかし、この価値は、市場経済の下では評価されない価値であり、一般化できないので、その価値がわからないままに排除・放置されてきた。ここでも「市場の成功」は文明の没落をもたらし、「市場の失敗」は文明の永続をもたらす、という逆説が成立する。

その実例を紹介してみよう。兵庫大学（兵庫県加古川市）に隣接し、キャンパスの景観の借景ともなっている寺田池は、かつて立ち入り禁止の看板が立っており、寺田池を取り囲む「明神の森」は近年まで手入れをされずに木々がうっそうと繁り、昼間でも薄暗く、人の入らないところであった。ところが最近、兵庫県と加古川市によって整備され、土手には池のまわりを散策できる「柵を設けない」周回道路が設けられた。今では、地域住民の癒し、憩いの場となって、新しいため池の価値が生み出されている（一八七頁参照）。市場経済から取り残された同じ場所が「地域の財産」「里池」として注目されはじめているのである。これは、「市場の失敗」の力添えによる想定外の成果である。市場経済の評価対象から漏れた「寺田池」「明神の森」がもつ外部経済効果が、皮肉にも今となっては、地域に貴重な財産・資産として残ったのである。

二〇〇四年一〇月一五日に「寺田池協議会」「寺田池を語る会」が呼びかけ人となって、「ため池は地域の財産。みんなで守ろう豊かな水辺」と称して、地場産の野菜や花卉の直売コーナーも設け、地域ぐるみで寺田池の清掃イベントを開催した（**写真1**）。この企画には、兵庫県知事や加古川市長が出席し、地元の住民や高校生との「井戸端会議」という意見交換会が開催された（**写真2**）。

寺田池協議会のこれまでの取り組みを挙げておこう。

寺田池協議会の今日までの取り組み

- 二〇〇一年度　新在家町内会と県との意見交換、「地域見聞録てらだいけ」創刊号発行
- 二〇〇二年度　「寺田池を考える会」準備会、寺田池の集い、「地域見聞録てらだいけ」第二号発行
- 二〇〇三年度　協議会設立総会、寺田池の集い、第一回寺田池発表会、「地域見聞録てらだいけ」第三号発行
- 二〇〇四年度　利活用計画案の決定、先進地視察、第二回寺田池発表会、「地域見聞録てらだいけ」第四号発行
- 二〇〇五年度　「寺田池セミナー」、先進地視察、第三回寺田池発表会、「地域見聞録てらだいけ」第五号発行
- 二〇〇六年度　「寺田池の自然を守るお手伝い」、「記憶にとどめよう寺田池」、第四回寺田池

写真1　寺田池協議会による寺田池クリーン作戦

写真2　ため池で井戸知事と井戸端会議

こうした寺田池をめぐる地域住民の自発的活動は、郷土とその自然を大切に思う熱意が、またかつての原体験や原風景を地域によみがえらせ残していこうとの思いが、市場経済を超えて、地域の社会的共通資源の再評価や地域コミュニティの再編成などの動きと重なりながら生じてきたものである。ここにため池のもつ外部経済効果が市場経済を超え、近代を超えたポストモダニズムの雛形になる可能性があると思う。このことは、決して自然界の支配者でない人間が、自然を支配・克服し、人工の生態系を創って栄え、そして滅んでいく道程《みちのり》の反定立（アンチテーゼ）として読めるだろう。

かつてわれわれは、高度経済成長期の日本列島改造論やバブル期のリゾート法によって、人間の都合で自然を改造し、「国栄えて山河なし」というべき「日本列島沈没」の憂き目をみた。それは、じつに苦い体験として記憶に残っているところである。アダム・スミスは、市場経済の発展パターンを次のように説明する。「事物自然の成り行きとして、およそ発展しつつあるすべての社会の資本の大部分は、まず第一に農業に、ついで製造業に、そしていちばん最後に外国貿易に投下される。……だが、ヨーロッパのすべての近代諸国家においては、この自然な順序が多くの点でまったく転倒されている。ある都市の外国貿易が、高級品製造業つまり遠隔地向け販売に適した製造業を導入し、そして、製造業と外国貿易があいたずさえて、農業の重要な改良を生じせしめたのである」(9)と。このように自然のなりゆきと転倒した市場の発達は、水のチャンネルをとおして、つまり海または川に沿って遡上していったからである。

かくして、産業の発達が国の内陸へと広がっていくのはずっと後になってからである。実際、イギリス資本主義は、まず外国貿易を先行させた後、農業ではなくて工業において発展の一般的基礎を打ち立てた。資本主義は、農業を切り離した工業化を基礎としてはじめて産出高増大の経済体制＝機械制大工業の時代を築き、農業・農村を解体しながら今日の自然・生態系破壊の基礎を築いてきたといえよう。

コーリン・クラークは、第一次産業→第二次産業→第三次産業の順で労働力人口が移動してゆくことが経済進歩の条件の一つだと結論した。果たしてそうだろうか。第一次産業を基礎に第二次産業が成り立ち、第二次産業を基礎に第三次産業が成り立つと考えられないだろうか。第一次産業の一次とは、人間が労働を媒介として自然に働きかけて取得する行為ではなかったか。そして、その一次産品に再度労働を加えて取得する産業が二次産業ではなかったか。

このように考えると、第一次産業が崩壊すると第二次産業も第三次産業も存立しえないことになる。実際に、第二次部門の資本主義的工業化の進展とともに第一次産業の衰退が著しい。それは本当に豊かになる社会の進路といえるだろうか。安定した社会の進路としては、第一次産業を基底に据え、その基礎上に第二次産業、第三次産業を位置づける価値観が必要なのではなかろうか。

## 4 自由貿易の強化と地球環境破壊

世界貿易は、一九九五年一月一日をもって、戦後の国際経済体制を支えてきたGATT体制からモノの貿易ルールだけでなく、サービス、知的財産権まで自由貿易にまかすWTO体制へ移行し、貿易の自由化をさらに強化した。そして今、多国間貿易のWTOに加え、二国間ないし地域間交渉で合意形成をしやすくしたFTAやEPA（Economic Partnership Agreement：経済連携協定）によって自由貿易はさらに強化されている。これは農産物貿易においてきわめて危険な動向である。環境NGOは、WTO交渉で農産物の貿易自由化が絶対的な価値でないことに注意を喚起し、断固反対している。

農産物貿易における市場経済化、自由貿易の強化は、ポストハーベストやハーモニゼーションによる残留農薬基準値の大幅な緩和を促す。これは、農産物輸入国の農業基盤の解体に拍車がかかると同時に、環境問題や食と健康の心配を増幅するだけでなく、ひいては地球環境破壊を拡大することになる。

**表1**と**表2**は、食品衛生調査会より答申された臭素残留基準値である。この二つの表を照らして

表1　食品衛生調査会の臭素残留基準値の緩和

| 種類 | 91年12月9日答申[a] | 92年3月26日答申[b] |
|---|---|---|
| トウモロコシ | 50 ppm | 80 ppm |
| ソバ | 50 | 180 |
| キウイ | 20 | 30 |
| その他の果実 | 20 | 60 |

出典：日本消費者連盟「新農業基準はだれのためか？」、1992、p.5
注：a　34品目の農薬残留基準値答申
　　b　19品目基準値答申

表2　農作物の臭素残留値

| 種類（産地） | 薫蒸区（ppm）平均値 | 最大値 |
|---|---|---|
| トウモロコシ（アメリカ） | 68.3 | 70.6 |
| ソバ（アメリカ） | 154.4 | 156.5 |
| キウイ（ニュージーランド） | 18.8 | 19.5 |
| ザクロ（アメリカ） | 51.0 | 56.5 |

出典：表1と同じ

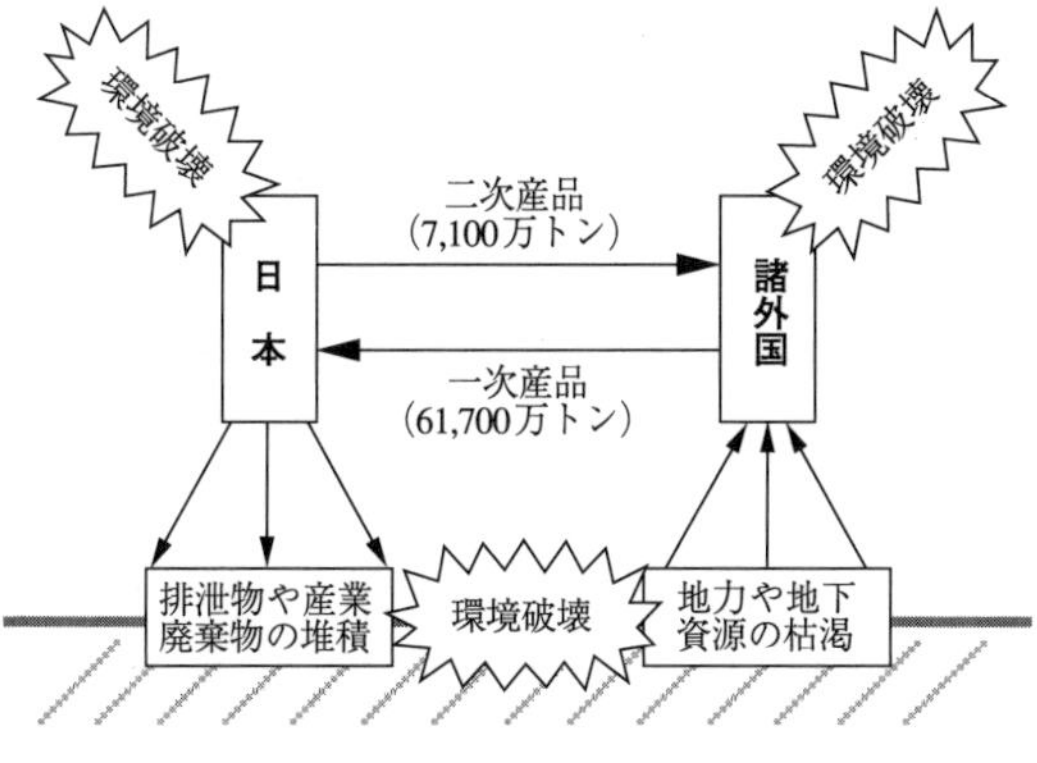


図1　地球環境を破壊する日本の貿易（1987年）
出典：池本廣希『増補改訂版　生命系の経済学を求めて』新泉社、1998、p. 50

みるとその意図が明らかである。**表1**によると、一九九一年一二月九日の答申では、トウモロコシ、ソバ、キウイ、その他の果実に残留する臭素が、それぞれ五〇ppm、五〇ppm、二〇ppm、二〇ppm以上であれば輸入にストップがかかっていた。ところが、一九九二年三月二六日の答申では、それぞれ八〇ppm、一八〇ppm、三〇ppm、六〇ppmまで緩和することになっている。これはどういうことか。わずか三カ月で、消費者の体が臭素に対する抵抗力をつけたとは考えられない。その理由を探るために**表2**を見てみよう。

**表2**によると、アメリカから輸入されるトウモロコシ、ソバ、ザクロに残留する臭素の最大値は、それぞれ七〇・六ppm、一五六・五ppm、五六・五ppmとなっている。つまり、いずれも臭素残留基準値の緩和により、すべて無検査で輸入OKということである。アメリカ産のトウモロコシやソバ、ザクロは、わが国にフリーパスで上陸するということである。日米農産物貿易の門戸を大きく開いたことになる。ついでながら、一九九一年は牛肉・オレンジの自由化がスタートした年でもあった。

次に、**図1**を見てみよう。この図は、一九八七年のわが国の貿易収支を、金額でなく重量で計算したものである。加工貿易立国であるわが国は、一次産品を六億一七〇〇万トン輸入し、これらを二次産品の製品として仕立て上げ七一〇〇万トン輸出している。この収支は重量でみれば、五億四六〇〇万トンの輸入超過である。つまり、わが国は、輸入相手国から五億四六〇〇万トン分の地下資源ないし食料を奪い、日本列島に、輸入超過分として輸出しない製品や産業廃棄物や排泄物を積み上げたことになる。これらは、産業廃棄物や生ゴミ、それにわれわれの排泄物となって河川や海を汚し、環境破壊の原因となる。他方、貿易相手国内では、地下資源の枯渇や地力の減退によって環境破壊が進行する。かくして、わが国の自由貿易が広がれば広がるほど地球環境問題に拍車がかかるのである。

また、食料輸入大国であるわが国の貿易から、次のようなことが明らかとなる。わが国は農産物輸入を通じて相手国から地力を奪うだけでなく、大量の水も奪うことになるのである。次の農産物をそれぞれ一トン生産するのに必要な水は、トウモロコシ一〇〇〇トン、大豆二四〇〇トン、小麦二九〇〇トン、精米六〇〇〇トンである。さらに肉一トン供給するための飼料生産に必要な水は、鶏肉四〇〇〇トン、豚肉六一〇〇トン、牛肉二万二〇〇〇～二万五〇〇〇トン必要である。輸入国別でみるとアメリカから四二七億トン、オーストラリアから一〇五億トンの水を輸入していることになる。輸入食料にともなってわが国に流入することになる水の量は、東京大学生産技術研究所の沖大幹教授によると、日本全体で年間七四四億トンにのぼり、わが国年間水使用量の八五パーセント、琵琶湖貯水量の約二・七倍に相当するとのことである。[10] これは、ポストハーベスト農薬の増加、輸送のためのエネルギー消費の増加という環境負荷を背後から支えることになり、フードマイレージ増大、地産地消の否定、地球温暖化の根拠となる。

さらに、次の点も貿易と環境の視点から忘れてはならない。公害に対して規制の厳しい国と規制の緩い国との間では、国際競争力は後者が優位に立つ。前者では、規制をパスするために公害防止装置などが必要となり、コスト高になるからである。たとえば、今や〝公害大国〟といわれている中国は、公害都市世界トップテンのうち大半を占めている。しかし、この不名誉な根拠をたどっていくと、中国の公害は日本が誘発しているともいえる。なぜなら、中国の公害規制が緩いことを逆利用した日本の開発輸入が、農業部門、工業部門に数多くみられるからだ。

また、タイからのトマトケチャップやトマトジュースの輸入は農薬の逆輸入を引き起こしている。農薬使用の規制の厳しい日本では、日本の農薬メーカーは市場を国内には見込めない。そこで日本で製造された農薬は、タイの農村のトマト農場に輸出される。そこでは夏場、スコールによって散布された農薬が雨で洗い流されてしまうので、一日に三回も農薬を散布したりする。その結果、村の農民の体力と土地の地力を弱めていく。さらに、そこで収穫されたトマトは、安い賃金で雇われた現地の労働者によってトマトケチャップやトマトジュースに加工され、日本に輸出されるのである。これは農薬メーカーにとって海外市場が開け、貿易商社にとっては低賃金で加工された商品が日本市場で大量にさばけるというウマミがある。一見、日本国内で農薬使用が減ったかのようにみえるが、日本に輸入される農薬漬けのトマトケチャップやトマトジュースが、ブーメラン効果によって日本国内の消費者の体を蝕むことになる。これら国をまたいだアグリビジネスは、時にはいのちを犠牲にしたビジネスとも言わざるをえないのである。

一方、欧米でも次のようなことが社会問題化している。近年、欧米にみられる農業の近代化は、地下水枯渇、表土流出、塩類集積など、環境に負荷をかける農業となっている。たとえば、アメリカ、オーストラリア、EUとも降雨量が少ないので農薬や化学肥料などが土地、河川、地下水などに残留しやすい。その結果、「EUでは、亜硝酸によるヘモグロビンの酸化により血液が酸素を運べなくなって生後六カ月くらいの乳児が死亡するというブルーベビー現象が生じている[11]」という。

農薬や化学肥料で土を傷め、スプリンクラーで地下水を過剰揚水する近代化農業は、農地や地下水に負荷をかけ、本来農業の備えている外部経済効果を外部不経済効果に転化してしまう。つまり、近代化農業は、市場経済と薬漬け農業と機械技術によって高レベルな農業生産体制をもたらしたものの、それは環境に多大な負荷を与え、持続可能な経済発展を打ち消す「前向きの大敗走」であったといわざるをえない。

それゆえ、近代化農業による農産物の増産を促す貿易の自由化は、その輸入国が輸出国の外部不経済効果を支え、輸出入国いずれにしても地球規模での環境負荷や地球温暖化に拍車をかけることになる。それは環境問題に止まらず、農産物輸入大国日本では、外部不経済効果を農産物輸出国に誘発しながら、国内農業を脆弱化していることになるのである。

## 5　新しい生産概念について

さて、市場経済をベースにこれまで生産中心経済のもとで「前向きの大敗走」を繰り返してきた現代社会は、未来に向かって何が問われているであろうか。現代社会は、枯渇型資源によって生産活動を続けてきた結果、エネルギー危機を迎えるだけでなく、生産活動によって製品を作る向こう側で、同時に廃熱や廃物を周辺にまき散らしてきたのである。

つまり、「作ることは壊すこと」でもあった。一九七〇年代になって、このことを公害問題や地球環境問題として肌身に感じるようになり、ようやく人びとの気づくところとなった。二一世紀を迎え、$CO_2$や産業廃棄物の排出など、廃熱・廃物に代表されるエントロピーが地球を覆い、その増大によって、世界は生産活動や生命活動の終焉に向かって進んでいるのではなかろうか。地球温暖化はそのあらわれではないか、との不安と危惧が人びとの生活に刻々と忍び寄りつつある。

以上のことから、未来に向かって問われていることは、エントロピーを減少し、かつ循環型エネルギーの源である水と土を基底に据えた循環型社会をいかに創造するかということである。そのためには、これまで市場経済社会を支えてきた「生産」や「生産力」という概念を根底から問い直す作業が必要となってくる。たとえば、資本主義的市場経済は、石炭や石油の非更新性資源によって支えられてきたわけだが、これからの経済は更新可能な資源によって支えられなければならないということである。そこで次に、従来の生産力や生産概念の再検討から手がけてみよう。

じつは、「作ること」は「壊すこと」であったのだが、同時に「壊すこと」は「作ること」でもあったのである。前者は生産的消費であり、後者は消費的生産を意味する。玉野井芳郎は、「これからの経済学は、社会の生産と消費の関連をこれまでのように商品形態または市場のワク内でのみとらえることをやめ、あらためて自然・生態系と関連させて、広義の物質代謝の過程としてとらえなおさなくてはならなくなってきた。経済学史における大きい転換点といわねばならない[12]」と指摘している。

この生産と消費の弁証法には、すなわち「生産的消費」は同時に消費であり、また「消費的生産」は同時に生産であるという混乱が生じる。そこでこの混乱を避けるために、生産工程に「エントロピー」なる熱力学第二法則を応用し、生産概念の洗い直しをしてみよう。また、マルクスが『経済学批判要綱序説』で「生産は直接にまた消費でもある……消費は直接にまた生産でもある[13]」と指摘したことをエントロピー論として評価し、これを外部不経済として認識するきっかけを見出したことは、玉野井芳郎の業績である。

そこで、生産とは何かについてあらためて考察してみよう。**図2**は、鉄をつくる生産工程を描いたものである。従来の生産概念は、図の実線で示される流れである。鉄の原料である鉄鉱石とこれ

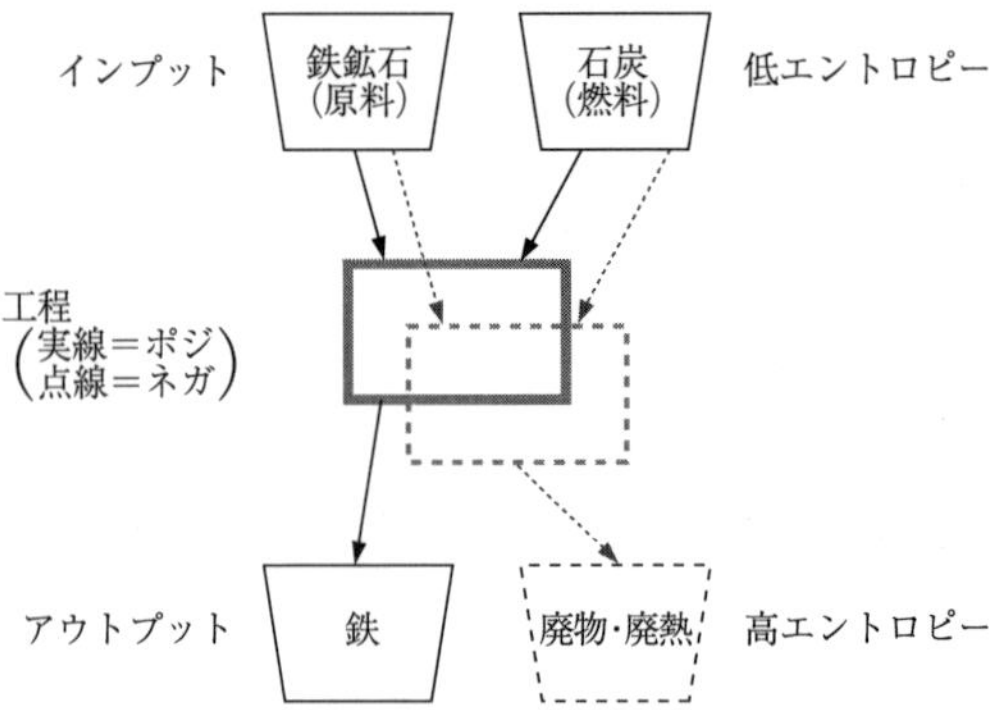


**図2　生産とは何か**
出典：玉野井芳郎『社会科学における生命の世界』
学陽書房、1990、p. 86

を溶かす石炭を生産工程にまずインプットする。そして生産工程で、石炭を燃やし溶かされた鉄鉱石から鉄だけを取り出し、最後に生産の最終目的である鉄をアウトプットするのである。これが、従来の生産概念であった。

ところが、この実線で示された生産工程に対して、点線で示されるネガの工程が生産には必ずつきまとう。鉄鉱石から鉄を取り出す生産活動は、石炭を燃やすことによって廃熱を、また鉄だけを取り出した後の鉄鉱石から廃物を産み出すのである。この廃熱や廃物をこれまでの生産概念は意識すらしなかったといわざるをえない。

先に指摘したように、公害や環境破壊が生態系の許容範囲を超え、生命系の世界の危機を実感するようになって以来、生産活動から生じる廃物や廃熱をネガの生産物＝外部不経済として生産概念に組み込む必要が認識されはじめたのである。ここにみられる新しい生産概念の発見は、「作ることは壊す」ことから「壊すことは作ること」に一八〇度転換する、いわばコペルニクス的転回ともいえる循環型社会論につながることにおいて、画期的である。つまり、最初からネガティブな生産物を再生産可能なポジティブな生産過程に組み込むシステムを用意しておくこと、このことを認識させた点において画期的なのである。この点はまた、市場経済を超える視座の転換を可能とし、後述する新しい生産概念を基底に据えた「エントロピー論としての経済学」誕生の橋渡しともなった。

そこで次に、新しい生産概念とエントロピーについて考察してみよう。先ず、新しい生産概念を基底に据えた「経済学」構築のために、「エントロピー」について、室田武の生命の再生産とエントロピー（**図3**）についてみておこう。

(1)に見られるように、砂時計の上にある砂は、上から下に落ちることによって、なかほどに設置されている歯車を回転させるので物理価値のある砂である。しかし、いったん下に落ちてしまった砂は、物理価値のない砂となる。したがって、上の砂がすべて下に落ちきってしまったら、(2)に見られるように歯車は活動を停止し、エントロピーは最大になり古典的な「熱的な死」を迎える。

さて、この活動を停止してしまった歯車を再度回転させるにはどうしたらいいのか。そのためには、(3)に見られるように、歯車の上に穴をあけそこから砂を追加させる以外方法はないだろう。かくして再び歯車は活動を開始するが、時間の経過とともにやがて、この歯車を砂が埋め尽くしてしまうことになる。ここでも歯車は活動を停止し、(2)よりもより完成度の高い「熱的な死」を迎えることになる。それゆえ、砂時計の上に穴を開けて砂の「入口」を設け、砂を新たに注入しても本質的な解決にならない。より高度な「熱的な死」を招き、「前向きの大敗走」に拍車をかけるだけである。

そこで、この完成度の高い「熱的な死」から砂時計の活動再開を再々度試みるには、砂時計の下に穴を開け、砂を吐き出すことしかない。すなわち、砂を少なくすることにおいて歯車が活動を再開し、この状態に至れば、歯車の活動はもはや停止することなく、永久に回転し続けることになる。これが最大化したエントロピーを低エントロピー化するシステムをもつ、(4)開放定常系の世界である。

じつは、この開放定常系を呈している砂時計と歯車は、われわれの体でもあり、地球でもある。物理的価値のある砂は、食料や活動のエネルギーにたとえられ、物理的価値のなくなった砂は、排泄物や産業廃棄物にたとえられる。ここで重要なことは、新しい生産概念でさきほど指摘した「作ることによって壊れる」ことを生産概念に組み込み、この壊れたものをどのように生産行為につなげるか。こちらのほうが、生産のポジティブな部分よりもより本質的な生産概念であるということである。

たとえて言えば、活動の出発点はエネルギーの注入よりも利用不可能となったエネルギーや排泄物を排出すること、すなわちエントロピーをいかに減少させるかのほうが先にあるということであ

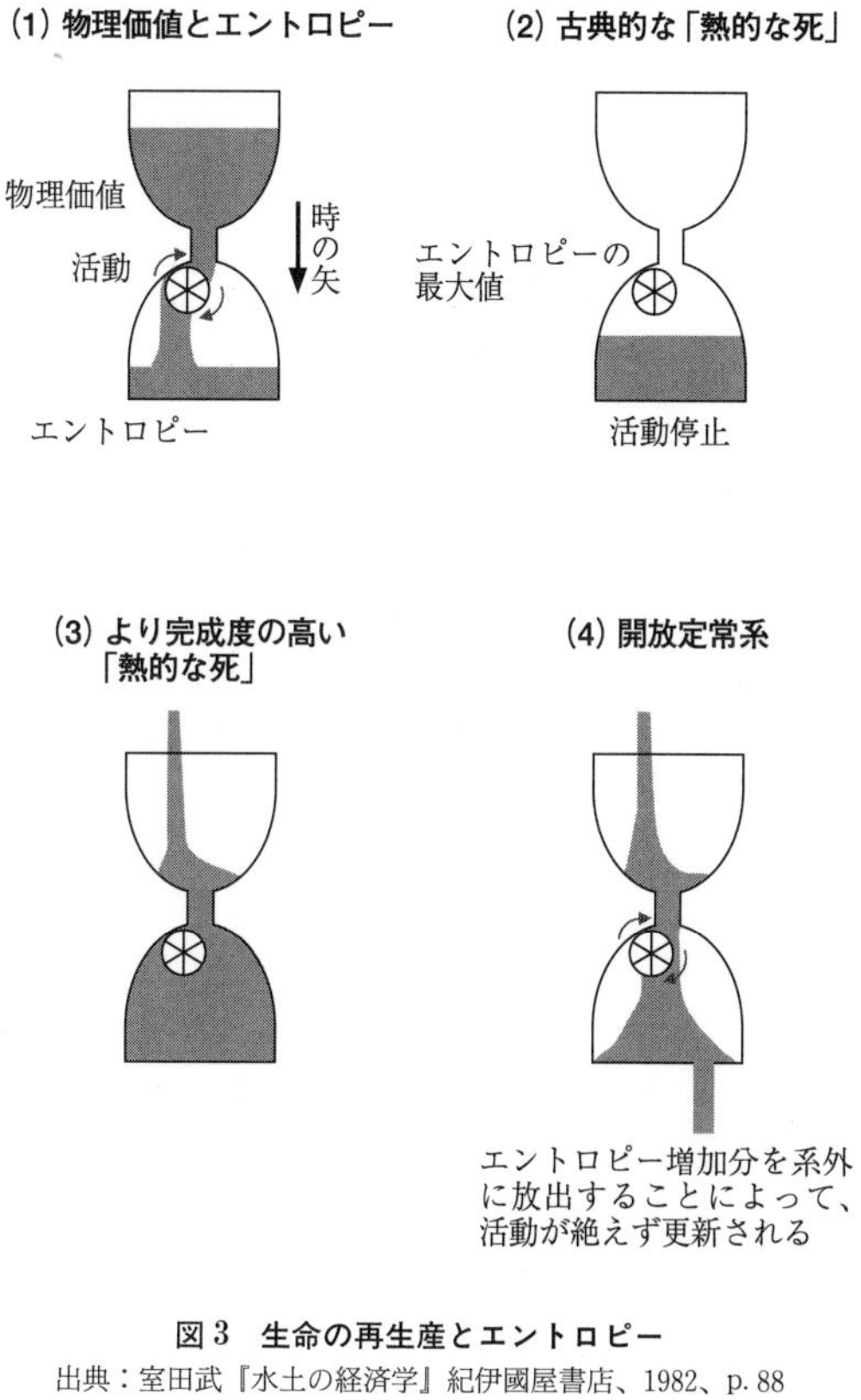


**図3　生命の再生産とエントロピー**

出典：室田武『水土の経済学』紀伊國屋書店、1982、p. 88

る。渋滞中の高速道路に新たに車の進入を許せばますます車は動けなくなる。便秘の人が食べものをさらにどんどん飲み込めばたいへんなことになる。やがて腸は働かなくなり彼は活動停止＝死を迎えることになりかねない。

換言すれば、あらゆる活動を持続させるためには「入口」の確保よりも、じつは「出口」の確保が重要であるということである。このことから「生命」とは「活動によって生じるエントロピーを系外に捨てることによって蘇るもの」と定義づけられる。すなわち、生命再生産の出発点は、排泄物の「出口」にあったのである。

それゆえ、「生命」とは、生命体がその活動のためにエネルギーを外から補充することよりも、余分のエントロピー、たとえば老廃物を体外に排泄することによって活力を取り戻し、生き生きとした生命活動が可能になる状態のことであるとの認識に至る。

繰り返すが、生命の出発点は、食べることよりも排泄することにある。論より証拠、健康診断は検尿・検便から始まることからも読み取れるだろう。そしてその排泄は、栄養循環の出発点であり、排泄物を土に返すことによって、再度、食料生産が開始されるのである。廃物が生産過程に組み込まれるこの「新生産」概念は、じつは、別に新しいことでも何でもない。かつて、幕末にプロシアの東アジア調査団として日本に訪れたマロン博士は、町から人糞尿を運んだり、道路に落ちている家畜の糞まで大事に集めることに感心し、このいわば「土から得たものは土に返す」アジア的農法を評して、「自然諸力の完全な循環（eine vollendete Circulation von Naturkräfuten）[14]」であると高く評価している。

これは、「大地の排泄物が食料であり、人間の排泄物が大地の食料である」ことを意味している。すなわち、この循環が持続されるかぎり、ほっておけば環境汚染につながるその同じ排泄物が、文明の永続につながるのである。

本章では、市場経済志向からの脱出の向こう側に、いのちを大切にする社会システムとその具現化である循環型社会の創造を「エントロピー論」として再構築することの重要性を説いた。具体的にそれは、土と水をとおしてのみあらわれるものだということである。これは、玉野井芳郎の遺言ともとれる「石炭や石油のように、一回使えばそれでなくなるような非更新性資源ではなくて、エントロピーを下げるはたらきに貢献する土と水という、まさしく更新性資源を基礎とする新たな時代が開けつつある[15]」という世界を継承するものである。

この世界の具現化には、「新生産」概念をどう構築し、それを今後どう「新しい生産力」概念につなげ、広げていくのか。この研究は、具体的に田んぼとため池と用水路の再発見から、更新性資源である土と水を基礎とする新しい時代、すなわち地産地消を基礎とした循環型社会到来の原動力となるだろう。

## 6　生命の再生産と「地産地消の経済学」

玉野井の「新生産概念」の視点を「生命の再生産」に応用し試作したものが、**図4**である。ここで、地産地消は、双方向の世界だけでなく、円環の世界であることも確認しておこう。

まず、**図4**の〔農〕の流れからたどってみる。図右端の（土地への栄養の輸送）は、人間の生活活動から生じる生ゴミや〝排泄物〟を、土の栄養源＝食料として土に提供する行為である。土はこの栄養源たる〝排泄物〟を吸収し、物質代謝の結果、食料を〝排泄〟＝産出する。すなわち、土が、人間の〝排泄物〟を〈生産的消費〉（生産のために消費）することによって、食料が生産されることを意味する。

ここに〔農〕は、「土から得たものは土に返す」ことによって、地域レベルでの栄養循環や環境浄化を可能とし、地域自立のための担い手たるゆえんがある。〔農〕は、私たちの生活活動から生じる不利益なものを取り込んで、それを利益あるものにして返す。それゆえ〔農〕は、循環型社会構築のための社会的共通資源でもあるといえる。

一方、図左端の（人間への栄養の輸送）は、地元で産出された食料を食卓へ届ける行為である。かくして始まる〔食〕の世界で、人間は、地産によって入手した食材を栄養源として地消し、これ

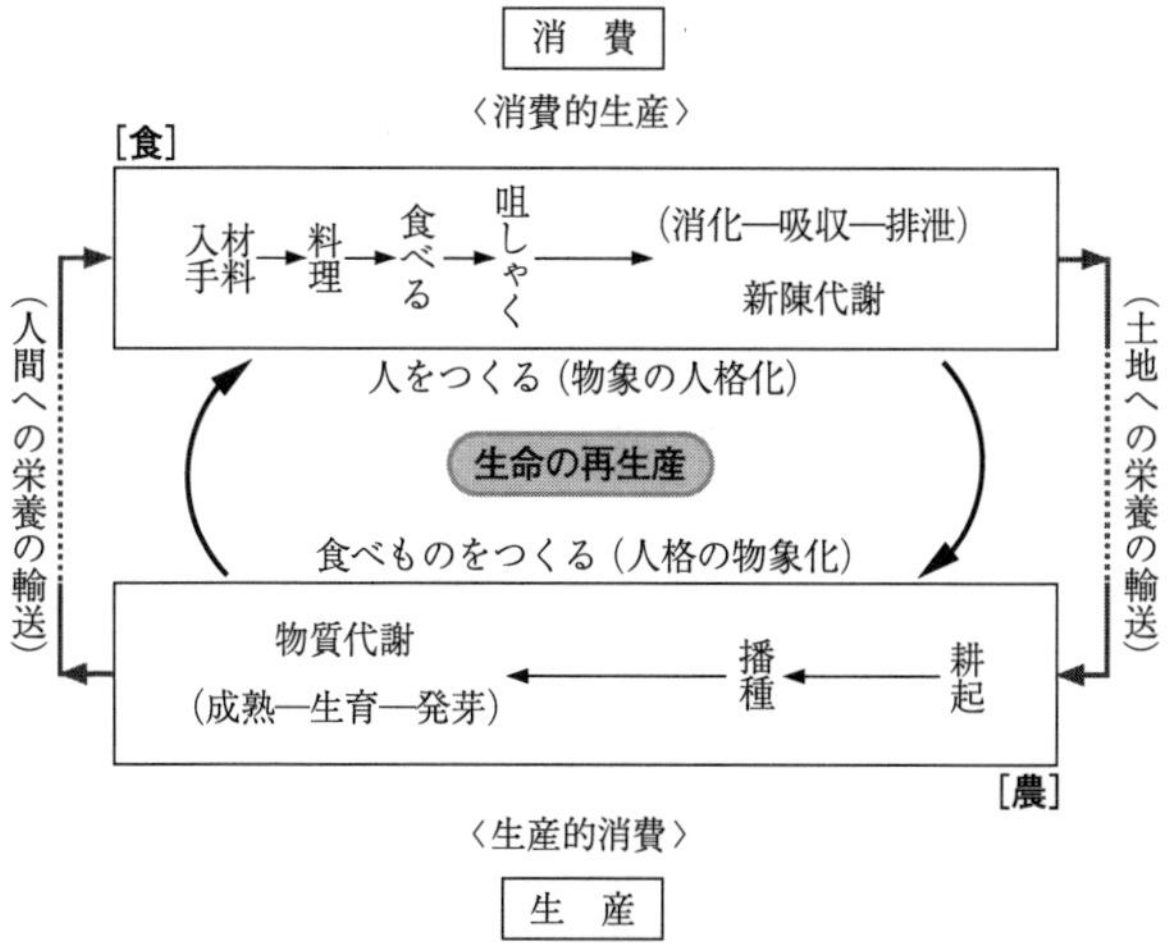


**図4　生命の再生産図**

出典：池本廣希『増補改訂版　生命系の経済学を求めて』新泉社、1998、p. 94

を体内で消化吸収＝新陳代謝し、健康な体をつくる。いわば、土の〝排泄物〟の〈消費的生産〉（消費することによる生産）によって人間の生命を再生産する。

かくして、〔農〕と〔食〕があたかも車の両輪となって、生命の循環軸を回転させる。〔農〕の軸では、地消地産によって、自然と人間の関係を「身土不二」として一体化し、栄養循環社会を築く。一方、〔食〕の軸では、地産地消によって生産者と消費者の顔の見える人間関係を広げ、地域の再生・自立に役立つ。

この〔農〕と〔食〕の織りなす世界が、やがて「消費的生産」と「生産的消費」を統一し、地消地産と地産地消を一体化し、生命の再生産を永続化する社会、すなわち、自然と人間、人間と人間の共生社会を目的とした「いのちを大切にする循環型社会」の創造を可能とする。

以上みてきたように、これまでわが国は経済成長政策を最優先し、食と健康や地域の生活基盤である「暮らしの安全・安心」は二の次となり、「前向きの大敗走」に徹してきた。だが今、これらのことから生じている問題によって、「食の安全・安心の問題」が国民的課題となって社会問題化し、その問題の深刻さが逆に地産地消の重要性やいのちと健康への関心を高め、「前向きの大敗走」に抗する動きも出てきたと考えられる。

ところが今、日本の農業は、WTOの外圧と昭和一桁世代の引退を契機とした内圧から大転換期にさしかかっている。六八〇万人にも及ぶ団塊の世代のリタイヤが始まり、戦後の農地改革以来の大きな農村社会の揺れが予見される。しかも、二〇〇七年七月に始まったばかりの経営所得安定対策大綱は、担い手問題や自給率向上の数値目標の見通し、さらには品目横断的経営安定対策と環境保全対策との関連が明確でない。しかしこの動きは、今後冷静に分析する必要があるが、同時に、地産地消運動の重要性と「地産地消の経済学」を構築する意義が逆に高まってきたと考えられる。

私たちは、「環境は経済の一部ではなく、経済が環境の一部なのだ」との発想の転換を固める。さらに、人間が環境を利用するのではなく、環境が人間を守り育ててきたことを根底に据えた「地産地消の経済学」の構築を求める。そのためには、地産地消は、地消地産を併せもち、両者を双方向の関係にするとともにこれを〝円環〟にしなければならない。つまり、その地で消費された後に出てくる〝排泄物〟をその近くの生産地に〝肥やし〟として返すということを前提にしなければならない。この〔食〕と〔農〕の織りなす〝円環〟運動が、生命再生産の基軸の潤滑油となって、地産地消を日常化し、「いのちを大切にする循環型社会」が実現可能となるのではなかろうか。

そのキーポイントは、台所から出る〝生ゴミ〟や人間や家畜の〝排泄物〟を土への栄養源として土へ返しているか否かということである。かつて（一九九一年夏）、アメリカのニューハンプシャー州のボブ有機農場を訪問したとき、そこでは会員である消費者は、台所から出た生ゴミを農場に設けてある堆肥用の貯蔵所に収め、それと引き換えに有機野菜を持ち帰っていた。(16) わが国でもかつて、われわれの〝排泄物〟を土の肥やしとして土に返していた。ここに「地産地消の経済学」が、これまでの経済学に対して新しい原理をみつけることができるのではなかろうか。

そこで、生命系の世界からみた、環境と経済を視野に据えた「地産地消の経済学」について、以下の四点に絞って指摘しておこう。

（1）「地産地消の経済学」は、顔の見える関係を重視する。詰まるところ、使用価値そのものを優先し、そこに価値を見出す経済学である。したがって、「価値形態論」でいう使用価値を生産する具体的有用労働を捨象し、交換価値に着目するものではない。むしろ、交換価値よりも使用価値を重視するために、使用価値を生産する具体的有用労働に着目する。

それゆえ、これからの経済学は、使用価値の生産現場に関心をもつ経済学が必要となる。そこでは、マイナスの使用価値、あるいは負の使用価値を生産する生産過程のチェック機能の有無が重要となる。すなわち使用価値の生産そのものに対する意識が高まり、商品の質や安全性、自然環境・生活環境などに対する消費者の意識が高まっていくことが期待される。かくして、資本の論理から生命・生活の論理を重視する視点が優先されるようになり、環境教育や消費者教育にもそれが反映し、消費者の意識改革にもつながっていく。

たとえば、二〇〇六年一二月の有機農業法制定に先立つ六年前、二〇〇〇年四月にJAS法の改正にともなって「有機農産物の表示」を義務づける有機認証制度が導入された。その際に、産地と消費地の間で提携する生産者と消費者が、生産現場で立ち会い「有機農産物」の安全性や品質などを検査・認定する認証団体を設立する動きが出てきた。兵庫県有機農業研究会は、全国で初めて有機農産物の検査・認定を代行するため「認証機関」の取得を目指すことを決めた。[17] そこにその具体的姿がみられる。そこでは、農産物の交換価値よりも使用価値が重視され、玉野井の主張した生態系を重視した広義の経済学の具現化を可能とするのではないかと、期待されるところである。

(2)「地産地消の経済学」は、経済活動の始点と終点を円環でつなげ、そこに循環型社会を構築する経済学の確立を目指す。そのために、これまでのような非更新性資源を経済の基礎に据えるのではなく、更新性資源をその基礎とする。

たとえば、水田は、水の田であり、水平な面である。それは、ピラミッドや万里の長城のように過去の遺産ではなく、今も現役で活躍している生きた資産である。縄文末期以来、二〇〇〇年も越えてえんえんと作り上げてきた水田稲作は、今でも健在である。本来なら連作障害や嫌地現象を起こし作物は育たないが、稲だけは例外のようである。それどころか、年々田の力が増し、生産力を増強させてきた。

そこでは、生命活動の終点と思われる人間や家畜の胃を通した排泄物が、再び土に返り、田の更新性栄養源となった。「土から得たものは土に返す」という生命系を支える循環型社会ができあがっている。栄養循環の終点が出発点になっている。まさに水田稲作は、持続可能な経済発展に基づく「循環型社会」の模範生であり、同時に、「地産地消の経済学」構築の宝庫である。

(3)「地産地消の経済学」は、「生命」の循環を次のように考える。生命のスタートは、食べものを口にすることにあるのではなく、むしろその逆で、いらなくなった老廃物を体外に排出するということにある。この老廃物の排出から生命はスタートする。これは、生命活動によって生じるエントロピーをいかに体外に捨てるか、ということである。

この思考の転換は、生命の活力をよみがえらせる拠りどころに関してのコペルニクス的転回である。この観点に立てば、摂食よりも排泄のほうに生命の本質的機能をみようとする認識にたどりつく。「何を食べるか」ではなく、「食べた後いらなくなった排泄物をどのように役立てるか」という発想の転換を不可避とする生命観である。食べた後の排泄物をあたりかまわず捨てれば環境破壊になるが、それを土に返せば作物の肥やしとなり、文明の永続につながる。したがって、「地産地消の経済学」は、専ら、エントロピー論を展開基軸とした新しい経済学構築のスタートとなる。

(4)「地産地消の経済学」は、市民レベルでの国際交流に広がっていき、国際的連帯意識が固まる。タイを中心とした東南アジアでの「むらとまちを結ぶ直売市場」は、日本の農民・農村との交流から生まれたものだ。一九九六年に、アジア農民交流センターの招きで日本を訪問した農村活動家たちが、日本での生産者と消費者が直接につながる産直の形態を、タイの中でも生かせないのかと始めたのがきっかけであった。

二〇〇〇年から「地場の市場づくり」が始まり、これを担当した松尾康範(アジア農民交流センター事務局長)は、「村の中での朝市を調査してみると、業者がトラックなどで農産物を売っていることが多く、また、各地に行政の手による市場もあったが、そこでは日用品や洋服なども売っていて、村人たちの外部への依存度を増すだけになっていた」[18]と説明する。これと同様のことを私も思い出す。一九八八年夏、東北タイの村を訪問したとき、その村には日用雑貨店が一店だけあった。そこでは日用品を売っている中に混じって、店の中央の一番目につくところに日本の味の素が陳列されていた。そこで、地元で暮らす農民自身が、自ら作るものだけを売って、外から来るものへの消費を少なくした。つまり、地域自給運動を展開し、地域の資源と資金を地域の中で循環させることを目的とした自分たちの市場をつくることになった。これは、通貨の地産地消、すなわち地域通貨の雛形でもある。

そしてまた、そこでの農産物は有機農業を主とした顔の見える農業である。その結果、新鮮で安全な野菜に人気が集まり、一戸あたりの一日の売り上げは、平均して七〇〇～八〇〇バーツ（二〇〇〇円～二五〇〇円）になった。これは、近くの労働者の日給一七〇バーツにくらべ高額の収入である。「この野菜を食べれば健康になれる。安定した収入は得られるし、消費者と話が出来て楽しい」と野菜を売る女性たちは笑顔で答えていたとの報告がある。[19] これは、先述したように、わが国の農産物の直売所で地産地消にかかわる農家の主婦たちの感想と同様である。地産地消は国を超えて、同じような楽しみが共感（sympathy）できるのである。

以上みてきたように、「地産地消の経済学」は、安全・安心のための暮らしと持続可能な循環型社会構築のための経済学である。それはまた、自立した地域づくりのための経済学でもある。それゆえ、生命活動によって生じる〝排泄物〟の処理、つまり高エントロピーをどのようにして低エントロピーにするかという問題がとても重要である。すなわち、生命活動によって生じる〝排泄物〟が、生産活動のスタートとなるシステムを有しているかどうかということである。たとえば、放っておいたら環境汚染につながるその同じ〝排泄物〟が、農業においては〝肥やし〟として生かされていく。家庭で生じた生ゴミを近くの農場に持ち寄り、それを畑に返せばいいのである。「土から得たものは、土に返す」、それでいいのである。そこから生命の再生産活動が始まる。「地産地消の経済学」は、繰り返すが、「排泄物の消費からスタートする」[20]という考え方である。ここに、コペルニクス的発想の転換ともいえるこれまでの経済学にはない新しい芽を見出すことができる。

## 註

(1) G・W・F・ヘーゲル『法権利の哲学』三浦和男他訳、方英社、一九九一、四〇三頁
(2) 飯田経夫『経済学の終わり』PHP新書、一九九七、五二頁
(3) 同上、五六頁
(4) 同上、六二頁
(5) マルクス・エンゲルス全集第23巻a『資本論 第1巻』大月書店、一九七三、六五七頁
(6) 飯田経夫『経済学の終わり』PHP新書、一九九七、九〇頁
(7) 日引聡・有村俊秀『入門環境経済学』中公新書、二〇〇二、一八頁
(8) 山路健『食と文明』御茶の水書房、一九七六、八頁
(9) アダム・スミス『国富論』玉野井芳郎他訳、中央公論社、一九六八、三五四頁
(10) 山下一仁『国民と消費者重視の農政改革』東洋経済、二〇〇四、七三頁
(11) 同上、七三頁
(12) 玉野井芳郎『社会科学における生命の世界』玉野井芳郎著作集2、学陽書房、一九九〇、一八頁
(13) マルクス『資本論草稿集』1、資本論草稿集翻訳委員会訳、大月書店、一九八一、三五―三六頁
(14) 椎名重明『農学の思想』東京大学出版会、一九七六、二頁

(15) 玉野井芳郎『市場志向からの脱出』ミネルヴァ書房、一九七九、一七〇頁
(16) 池本廣希『増補改訂版　生命系の経済学を求めて』新泉社、一九九八、一九二頁
(17) 神戸新聞、一九九九年九月二七日付
(18) 富山洋子「フードアクション21」ニュース四九号、二〇〇七年七月二〇日、二三―二四頁
(19) 同上、二四頁
(20) 池本廣希『増補改訂版　生命系の経済学を求めて』新泉社、一九九八、九四頁

# II 環境と経済の世界

# 第4章　市場経済と環境と経済

## 1　文明の前に緑があって、文明の後に砂漠が残る

二一世紀に入った今、私たちは、高度に発達した機械文明・物質文明を謳歌し、ハイブリッドカーに新幹線にジェット旅客機、電子レンジに冷凍食品に食の宅配便、パソコンにインターネットに携帯電話、一見、便利で快適な生活を満喫することができるようになった。しかし、現代社会は先が見えず、自分の「居場所」や「台」（コミュニケーションの場）を見失い、不安な顔をしていない人びとを見つけるのも難しくなった。いったい、この現象はどこから発してきたのだろうか。

レスター・ブラウンは、次のように指摘する。「農業革命が地球の表面を変容させたのに対し、

産業革命は地球の大気を変容させつつある。産業革命が可能にした生産性向上は、とてつもない創造的エネルギーを解き放した。同時に、それは新しいライフスタイルと人類史上最悪の環境破壊時代を生み出し、世界を経済衰退につながる路線に押し出した」[1]と。

私は、このレスター・ブラウンの指摘を次のように解釈する。つまり、産業革命は、機械技術によって生産力を飛躍的に増強し、同時に資本主義社会確立の立役者となった。それ以来、資本主義的市場経済は、本来商品とはなりえない土地や労働力を擬制的に商品化し、市場の自立的な運動を展開する経済システムを構築した。その資本の自立的な運動が、自然と人間を搾取する自由を獲得し、今や、地球的規模での環境破壊を招いている。

「文明の前に緑があって、文明の後に砂漠が残る」との、フランスの唯物論者、シャトー・ウィリアムの名言がそれを物語っている。ただし、同じ文明といっても、古代文明はローカルなものであったが、現代文明は地球的規模になっている。文明の後に残る砂漠は地球全体だということになる。同様のことをE・F・シュマッハーは、「文明人は大地を越えて前進し、その足跡の中に砂漠を残した」[2]と指摘している。

「土から得たものを土に返さない」ことから、土地が劣化して農耕が不可能となり、その跡地での放牧によってさらに砂漠化に拍車がかかり、文明の滅亡をもたらした。古代文明は、農作物の栽培が不可能になって農地を放棄した。しかし、現代文明は、市場経済のもとで採算がとれなくなって農地を放棄している。つまり、「世界の市場化」は、人間の貪欲なる利益の追求によって砂漠を残すといっても過言ではない。現在進行中の途上国の市場経済化においても、採算性を原因とする農地の劣化や環境破壊が進行している。

文明人は、今や地球的規模で、文明の名のもとに自然を改造し、それを進歩だと錯覚し、その足跡に砂漠を残している。つまり、経済を優先する現代文明社会のグローバル化が、資本主義や社会主義といった経済体制を越えて、地球全体の崩壊、文明社会そのものの崩壊を招き人類の終焉をもたらしつつある、ということを忘れてはならない。現代社会の先行きが不透明で、かつ地球温暖化問題が日々深刻化している中、今を生きる人びとにとって先行き不安になるのは個体保存のための本能的反応なのかもしれない。

このまま世界経済を維持しようとすればするほど、自然を食いつぶすことになる。このあがきは、経済的赤字よりも生態学的赤字となって私たちに跳ね返り、抵抗する術もない将来世代から彼らの生きる資源を根こそぎ奪うことになる。経済的赤字は返済することによって解消できるが、生態学的赤字の返済はそうはいかない。

レスター・ブラウンは、「人口の増加と所得の向上にともない、多くの国において、経済を支える自然生態系に対する要求が過剰になり、このことがさまざまな『赤字』を生み出している。赤字の結果は、……たとえば、森林減少は薪材不足を招き、過耕作は作物収量の低下を招き、過放牧は家畜の衰弱を招き、地下水の過剰揚水は地下水位の低下と井戸の枯渇を招く。……生態学的な赤字の増大が、経済的損失を引き起こしている。中国と同様にアルジェリアは、サハラ砂漠の北上を食い止めるため、穀作地の南端五分の一を果樹園に転換する計画をすすめている。また、サハラ南縁地帯でも、ナイジェリアが同様の闘いを繰り広げている。……もし今世紀中に海面の水位が一メートル上昇すれば、バングラデシュは稲作地の半分を失い、他の多くのアジア諸国も主要な稲作地である河川デルタ地帯を失うことになる。いくつかの島嶼国は居住不可能になるだろう(3)」と警告する。

今や世界は、貨幣や生産設備といった、いわば人工資本が経済発展の決定要因になっていた時代における資金のやり繰りよりも、自然資本の潜在能力が決め手となる、そういう時代を迎えている。にもかかわらず、市場経済が拡大しつづけるにつれ、将来世代への生態学的赤字が累積し、地球の生態系の生産力=自然資本の生産力、たとえば、ため池や用水路の灌漑能力や防災機能、気候調整機能などはますます低下し、地球全体・地域全体の回復能力が、再生不能になりはじめている。それだけにこれからの時代は、自然資本の生産力を維持し、生態系の赤字を解消し、ため池や用水路などの有する社会的共通資本を見直し、その評価がポイントになってくる。

## 2　狭義の経済学から広義の経済学へ

それゆえ今日、市場の自由な動きを許容する経済成長理論は修正を受けざるをえず、経済学を市場経済の枠内にとどめる狭義の経済学から、非市場経済を包含する生命系の世界にまで広げた広義の経済学の構築が緊急の課題となっている。ここでは、制御できなくなった自立的な市場経済システムから生じている諸問題、たとえば、エネルギー問題・食料問題・環境問題などに対処可能な新しい経済学が要請されている。

つまり、将来世代から借金することなしに持続可能な経済を実現させ、先行き不安な現代から人びとを脱出させるための経済学の要請である。そのためには、市場経済のコペルニクス的転回が必要であると主張するレスター・ブラウンは、「経済は地球生態系の一部であり、したがって、それと調和するように再構築されないかぎり、経済は発展を持続することができないという認識をもつことが必要である。今日、私たち同世代人の課題は、生態系の法則を尊重するエコ・エコノミーを構築することである(4)」と指摘している。

だが、残念ながら今日の経済学は、市場経済を越えるために必要な概念的枠組み、すなわち生態学を取り込んでいない。生態系の維持可能な収支、扶養能力、栄養循環、水循環、そして気候変動といった基礎的な生態学的概念を理解することが、新しい経済学＝地産地消の経済学を構築するのに不可欠である。

この地産地消の経済学は、生産者と消費者が手を結び、都市と農村を結ぶシステムを構築してくれるであろう。それはまた、貨幣的富に代替できない価値をもつものがあること、比喩的に言えば「利潤追求は一時、お金は使えばなくなる。しかし、生命は永遠である」[5]ということを教えてくれるであろう。さらに、本当の豊かさとは何か、金銭的・物的富の豊かさか、人と自然、人と人との関係性の豊かさか、そしてどちらが時空を超えているかを教えてくれるであろう。

化石燃料に依存する自動車中心型の資源枯渇型経済は、持続不可能な経済であり、今日の資源・エネルギー問題や地球環境問題をより深刻にするだろう。したがって、持続可能な経済、すなわち自然循環型経済を基礎とした持続可能な経済に転換する必要がある。それは、太陽エネルギー、水素型エネルギー経済であり、自らの足と自転車を交通手段の基本とした都市交通システムのもと、地産地消を食生活の基本とした、小さな規模のリサイクル型経済社会の構築である。

これらの問題の起点は、市場経済システムが、地下資源やため池や河川の水、あるいは土の栄養など自然資本をあたかもタダの財として食いつぶす自由を手にしたことにある。この資本の勝手な自由は「市場の失敗」や「コモンズの悲劇」を招き、経済学の再検討の必要性を誘発した。今日、多くの人びとが地球の未来に不安を感じているのは、生態系がもっていた自然資本を復元する能力を超えて奪い潰した結果である。

本来、農林漁業は、生態系の食物連鎖と不可分である。地域の栄養循環を立体的に考えてみると、まず豊かな森が山を覆い、その山に降った天水が山土に滲み込み、有機質に富んだ豊かな水を作る。この水が中流の扇状地、下流の平野部を潤し、田畑を潤す。また、そこから滲み出てくる有機質を含んだ水が、排水路から川を経て、沿岸の魚介類に栄養を届ける。ここでは豊かな山が豊かな海をつくる。そして、水辺や浜辺に舞い降りてくる鳥が小魚をついばみ、夕方、山に帰って森の小枝にとまり糞をする。その糞が落葉と混じって腐食し、豊かな山土をつくる。ここでは豊かな海が豊かな山をつくる。この山土が森を育て、豊かな水をつくり、再び、地域の栄養循環が始まる。

こうした循環の中に、生態系からみればサブシステムとしての市場経済が浸透し、農業の近代化をもたらした。それはやがて、食のグローバル化をもたらし、食の生産地と消費地の距離を世界的に拡げ、遠産遠消を日常化し食の安全・安心の問題を大きくした。その結果、自然生態系を歪め、地域の栄養循環を狂わせ、農業や環境の危機をもたらし、今や、人類の生存を脅かしている。これは、生物としての人間の生命を支える農業が、近代化農業を進め、その結果として、農薬や化学肥料の使用が増え人間の生命を危機に陥れるという近代化の矛盾を顕在化させている。

その近代化の延長にあるグローバリズムは、南北問題の視点からみた場合、北の資本によって南の土地や自然を徹底的に搾取し、南の農漁民、並びに、労働者の貧困を深め、南北間格差に拍車をかける。なぜなら、グローバリズムは、南の主要な産物である農産物を価値以下で買い叩き、北の工業製品を価値以上で売り付ける価値収奪システムを有しているからである。

この価値収奪システムは、狭義の経済学の範疇である。それは南北問題だけでなく、環境問題も深刻にする。その対策を講じるためにも広義の経済学が要請される。そこで、次のような発想の転換の必要性を指摘しておこう。自然資本を復元し、自然とともに生きていく社会システムを構築するのにどれだけのエネルギーやコストがかかるかではなく、構築できなかった場合にどれだけのエネルギーやコストがかかるかという発想の転換である。すなわち、後者のエネルギーやコストを最小限にするため、各種経済活動にかかる生態学的コスト、たとえば、外部不経済を環境税や炭素税、それに$CO_2$排出量の売買などのかたちで市場経済に組み込み、市場価格に生態学的価値を反映させる必要がある。外部不経済をまき散らす公害企業などから環境税を徴収し、外部経済効果をもたらす有機農業や地産地消を支える農家に対して、この税収部分を援助に充てるのである。あるいは、各家庭や企業の電力料金にグリーン料金を上乗せし、これを環境対策にまわすことも一案である。

## 3　市場原理主義の源流と自由化・民営化の弊害

市場を万能とする市場原理主義が、欧米でもてはやされたのは一九八〇年代のことである。その新自由主義の旗手は、アメリカ・レーガン時代のレーガノミックス、イギリス・サッチャー時代のサッチャリズム、そして日本では中曽根時代の民営化路線であった。彼らは、シカゴ学派の〝ミルトン・フリードマン〟理論を元祖とし、市場経済にまかせさえすればすべてうまくいくとし、あらゆる経済活動を市場にゆだねるのが最善であるとの信念のもとに、市場至上主義改革を進め、規制の緩和・撤廃、民営化、金融の自由化、保護主義の緩和・撤廃を開始した。いわゆる「世界の市場化」(グローバリゼーション)の幕開けである。

その市場原理主義の淵源は、古典派経済学を体系化し、経済学の生みの親であるアダム・スミス(一七二三—九〇年)までさかのぼる。スミスは、近代市民社会の確立過程で、「利己心」「自由放任主義」「見えざる手」「分業」などを基本概念として『国富論』(一七七六年)を著した。富の源泉は流通過程ではなく生産過程にあるとして重農主義を唱えたフランソワ・ケネー(一六九四—一七七四年)の『経済表』(一七五六年)を批判的に継承し、重商主義的ないし絶対主義的統制を批判し、かつブルジョワ的個人の利益追求を自由に競争させておけば、社会全体の繁栄が実現されるとした。

「自由放任の場合、資本は利潤の高低におうじて流入流出し、自然に均衡する[6]」として「なんら法律の干渉などしなくとも、個人の私利私欲にゆだねておけば、自然とすべての社会の資本は、その社会で営まれるあらゆる事業のあいだに、社会全体の利益に最も合致する比率にできるだけ近い割合で、配分されるのである。重商主義のあらゆる規制は、必然的に、この自然でかつ最も有利な資本の配分を多かれ少なかれ攪乱する」[7]

このようにスミスは、自由放任こそが「利己心」を躍動させ、社会全体の利益に最も合致するとみなした。つまり、それまで私利私欲は「私悪」であり、社会の破壊者とみなされてきたが、それは逆に社会を発展させる原動力、すなわち社会公共の福祉につながる「公益」であるとしたのである。この逆転は、神の「見えざる手」に導かれて達成されるものであるとして、人間のなしうること、なすべきことは、ただ一つ、神授の「利己心」すなわち利己的本性を十分自由に発揮して怠らないこと、そのことが神の意図であることを深く信ずることだけだと解釈した。

さて、モノ・金を求めて「利己心」が躍動する場、そして「自己利益」を求めて人が出会う場所、これが市場（market）にほかならない。不特定多数の売り手と買い手が参加する市場では、モノとサービスの需要と供給が均衡し一致するとき、均衡価格、ないし市場価格が決まる。この市場メカニズムという市場の力学を舞台に自由放任主義（laissez-faire, laissez-passer）が、一八世紀後半から一九世紀にかけて支持され、古典派経済学の完成に至った。しかし、その理論は長続きしなかった。ジョン・メイナード・ケインズ（一八八三―一九四六年）は、一九二六年に『自由放任の終焉』を著した。

ケインズが、「自由放任主義」を批判し、政府が市場に介入しなければならないとした根拠は、市場が「不完全」だからだということにあった。ケインズの主張は、「経済を安定化させるために、そして失業をはじめとする『不均衡』を是正するために、政府は市場に介入すべきである、いいかえれば、政府の市場介入なしには、経済の不安定・不均衡はなくならない[8]」ということであった。

レーガン、サッチャー、中曽根ら新保守主義政権の政策は、この「不完全」な市場を「完全」なものに近づけるため、市場主義に基づくさまざまな政策（主に競争の強化のための規制緩和と民営化）を講じたものであった。その結果、「市場の力」が暴力と化し、社会的弱者を虐げる方向が露呈しはじめた。佐和隆光は、一九八〇年代から九〇年代前半にかけて実見された「市場の力」の暴力化を示唆する具体例を以下のように指摘する。

「一九七九年五月のイギリス総選挙で保守党は圧勝をおさめ、足かけ六年間つづいた労働党政権をたおし、マーガレット・サッチャー党首が首相の座についた。……労働党政権のもとで安穏をむさぼっていた国営企業を次々と民営化し、自由主義経済をしばってきた規制を次々と撤廃した。一連の市場主義改革に対してマスコミは『サッチャリズム』と呼び名を与えた。……たしかにイギリス経済は往年にくらべて格段に活性化した。しかし、その半面、サッチャリズム濫用の結果、所得格差の拡大と、公的教育・医療の荒廃という副作用にみまわれた[9]」

わが国における市場原理主義、「市場の力」の暴力化を最も端的に示すのは、農産物貿易の自由化であろう。たとえば、一九八六年、ＧＡＴＴのウルグアイラウンドで世界の貿易自由化が討議されているころ、コメの自由貿易がアメリカの精米業者からアメリカ議会に提訴された。また同年、中曽根内閣の私的諮問機関である経済構造調整研究会の座長である前川春雄が、規制緩和・対外開放を推進する前川レポートを公表し、日本の農業叩きが強まった。たとえば、マスコミの風潮として、「農業は日本にはいらない。食料は工業で稼いだ金で安く輸入すればよい」との農業無用論、さらには「日本は先進国として、農業が比較優位産業に成長しうる」「農業の国際競争力をつけるためには農業保護をやめ、そのためには米価を引き下げ農民の意欲を失わせ、農業人口を大幅に減らす必要がある」といった無責任な農業展望論が飛び交った。

こうした市場原理主義の流れは今日でもさらに進行していて、国民の間の格差の拡大と能力主義にあらわれている。

たとえば医療制度においては、低所得層、高齢者などの負担が重くなる医療保険制度の改悪が始まった。高齢社会の到来や医療の高度化にともなって予想される健康保険財政の逼迫を回避するための国民医療費の負担増である。中央と地方の格差が拡大し、超高齢化の進む農山村や僻地の医療が取り残されてしまっている。優勝劣敗、適者生存を要諦とするダーウィンの進化論をそのまま人間社会にあてはめた社会ダーウィニズムに沿って、貧富の格差は能力の格差ゆえで、自然淘汰の結果であるという考え方である。社会ダーウィニストたちから、「所得格差とそれにもとづく生活水準の格差の存在は、社会にとって好ましいことである」「強者が強くなって、弱者を救う」といった耳を疑う声が届く。これはまさしく「市場の力」の暴力の何者でもない。

そしてもう一つ、国立大学の民営化に象徴される大学改革が進行している。市場主義者は教育の自由化・民営化を主張するが、学校教育の自由化・民営化がもたらす結果は、公教育の質的劣化とそれがもたらす「排除」としての不平等である。たとえば、有用でない（＝経済的利益をともなわない）研究は、研究助成から排除され、無用な学術研究の烙印が押される。また、第三者評価機関による大学評価や一握りの大学エリート校の選別と底辺校の排除、そして教員の自己点検や任期制の導入、さらには大学の運営に関する合意形成において最高決定機関としてあった「教授会」の形骸化が事務局先導型で進められ、大学はその内部からも腐敗しはじめている。

同時に、地方大学と都市部の大学間の格差も拡大している。つまり、大学も市場原理主義の波をかぶり、かつて経験したことのない大学の危機が、自由化・民営化のもとに迫っている。自由を標榜する市場原理主義の名のもとに大学の教育と研究の自由が侵され、それは大学の自治や学問研究の自由にかかわる深刻な問題をもたらす。そして、大学にとどまらず社会全体に危機と不安をもたらす。これは、「市場の力」の暴力が大学のキャンパス内においても横行しはじめた結果である。

この危い大学改革と同時に進行している教育改革においても、同様のことがみられる。学校選択制度における「バウチャー制」の導入、つまり親が学校を選び、その多寡で予算配分も決めるという競争の原理が、すなわち「市場の原理」が、公教育にも顕在化しようとしている。これは「市場の力」の名のもとに優勝劣敗が大手をふり、弱者の排除を正当化する危険な道である。

このように市場原理主義は、「市場の力」という名の暴力を併せもつといっていいが、だからといって市場経済を全面的に否定するわけではない。市場経済の健全な運用が肝心なのである。資源の効果的配分を政策化し、経済成長をかなえ、好景気を維持するというのが健全な運用であるのだが、経済成長の成果の分配を差別化し、所得格差を助長し、生活の不安をかもしだすのが問題なのである。

市場原理主義者は、経済成長にともない、国民全体の所得水準は向上し、その結果、低所得者の所得水準も向上すると考える。富める者と貧しい者との所得格差が拡大しても、それは相対的なものであって、生活水準が下がることにはならない、むしろ低所得者の所得も向上し、生活水準は向上するのだ、と。

しかし、実際には、競争で勝ち残り、強い者がより強くなることによって、社会の富はより一部の人びとに集中し、弱者はその社会の中で底辺に追いやられ生活するのに金に困り、生活苦が増している。

このように市場原理主義に内包している「社会ダーウィニズム」の考え方は、「市場の力」の暴力を放任することによって、格差社会を強化し、差別社会の容認につながるのではなかろうか。

## 4 「前向きの大敗走」のルーツと公害大国日本

二〇世紀型成長文明のターニングポイントとなったのは、一九七三年一〇月の「オイルショック」であった。そしてその生産万能、経済成長万能主義に待ったをかけたのが、一九九七年一二月の京都議定書であった。京都議定書は、地球温暖化防止のために、先進国および市場経済移行国あわせて四一カ国に対して、一九九〇年を規準年として、二〇〇八年―二〇一二年の五カ年間の約束期間をもうけ、二〇一二年までに少なくとも平均五パーセントの$CO_2$の削減をするとの数値目標を確約した。たとえば、EUは八パーセント、アメリカは七パーセント、日本・カナダは六パーセントの$CO_2$削減を義務付けた。この地球環境問題の世界化は、市場経済原理主義と成長の経済学を見直す一大契機となった。それは、大量生産↓大量流通↓大量消費、そしてこのフロー経済の両端で大量採取と大量廃棄を必然的に結果し、地球的規模での環境破壊を広げることがわかってきたからである。

また、二〇世紀型成長文明は、地下資源をタダの財・無限にある財として浪費してきた。この高度な文明社会は、エネルギー・資源の大量消費を前提にできあがった砂上の楼閣である。なぜなら、エネルギー・資源の大量消費は、$CO_2$の大量排出を必然的にもたらし、この$CO_2$が地球温暖化に拍車をかけ、異常な気候変動をもたらし、経済成長どころか、成長の名の下に経済体制を越えて、文明の終焉、人類の破滅をもたらそうとしているからである。

つまり、「作る」ことは、「壊す」ことでもあったのである。この理解から、「壊れたもの」を再び「作ること」のできる生産システム、すなわち、壊れたものを再利用できる循環型社会を作らなければ、文明社会は終わりだということがわかってきたのである。

わが国において、市場原理を基礎とした高度経済成長がなぜ、「前向きの大敗走」を繰り返してきたのか、そのルーツについてふれておこう。

「前向きの大敗走」のルーツは、わが国の一九六〇年代の二つの政策をバネにした高度経済成長政策に見え隠れしている。「農業基本法」（一九六一年）と「新産業都市計画法」（一九六二年）がそれである。農業基本法は自立経営農家の育成と農業の近代化を目的とし、新産業都市計画法はそれまでの四大工業地帯に加え、新たに太平洋側・瀬戸内海沿岸に臨海工業地帯（コンビナート）を建設し、日米貿易を軸に工業優先・農業切捨て政策を恒常化し、経済大国への道を開始する政策であった。

その結果、太平洋側に立地する工業側の労働力確保のため農山村部から都市部に人口の大量流出を誘発し、農山村地域の過疎化・高齢化を招き、他方、貿易のバランス上、わが国は工業製品の輸出増大のため、その見返りに農産物の大量輸入を容認することになった。この点について、以下の

**グラフ1、2**を眺めながら考察してみよう。

一九六〇年代、わが国では毎年、約一二〇万人の農村人口が都市へ移動した。自立経営農家の育成は、経営規模を拡大しなければ可能でないため、必然的に農村人口の減少を前提とする。かくして、専業農家が三割から一割に激減し、兼業農家が九割にも達した。そして、一九六〇年から一九八四年の二五年間に、わが国の穀物自給率は、**グラフ1**に見られるように、八二パーセントから三二パーセントまで五〇ポイントも低下しているのである。

他方、ほぼ同時期の一九六五年から一九八四年の主要国の自動車生産台数を**グラフ2**で見ると、わが国だけが急上昇し、一九七九年にはアメリカを抜きトップに踊り出ている。一九八四年時点で見ると、わが国は年間一一四六万台生産しており、そのうち約半分の六〇〇万台が輸出向けで、そのうちの半分の三〇〇万台がアメリカに向けて輸出されている。

同じ一九八四年のわが国の品目別食料輸入割合は、大豆九五パーセント、トウモロコシ八九パーセント、小麦五七パーセントをいずれもアメリカから輸入している。

ここにみられる日米貿易は、日本からアメリカへ自動車を代表とする工業製品が輸出され、その見返りとして、アメリカから日本に農産物が輸入されるという貿易構造の枠組みが読み取れる。すなわち、わが国内で、工業優先政策＝農業切り捨て政策、工業製品の輸出増＝農産物の輸入増という高度経済成長政策の秘策が読み取れるのである。

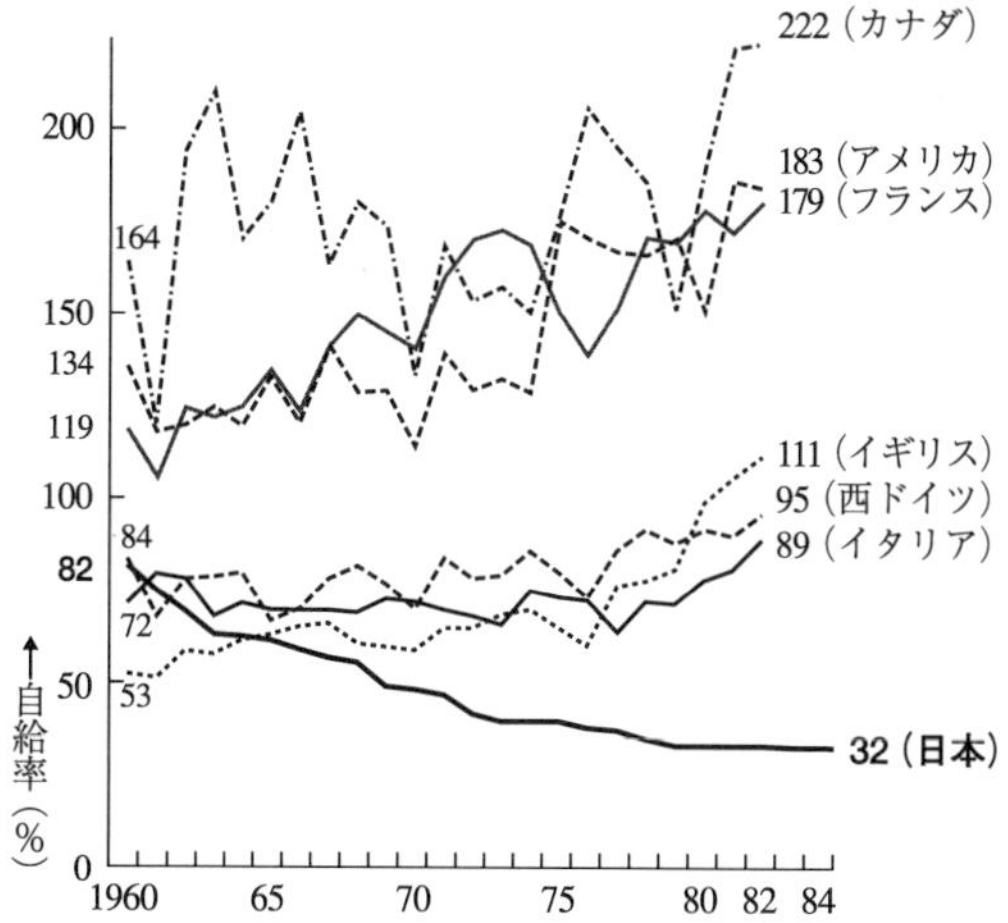


**グラフ1　先進7カ国の穀物自給率**

出典：全大阪消費者団体連絡会「お米と文化」p. 39

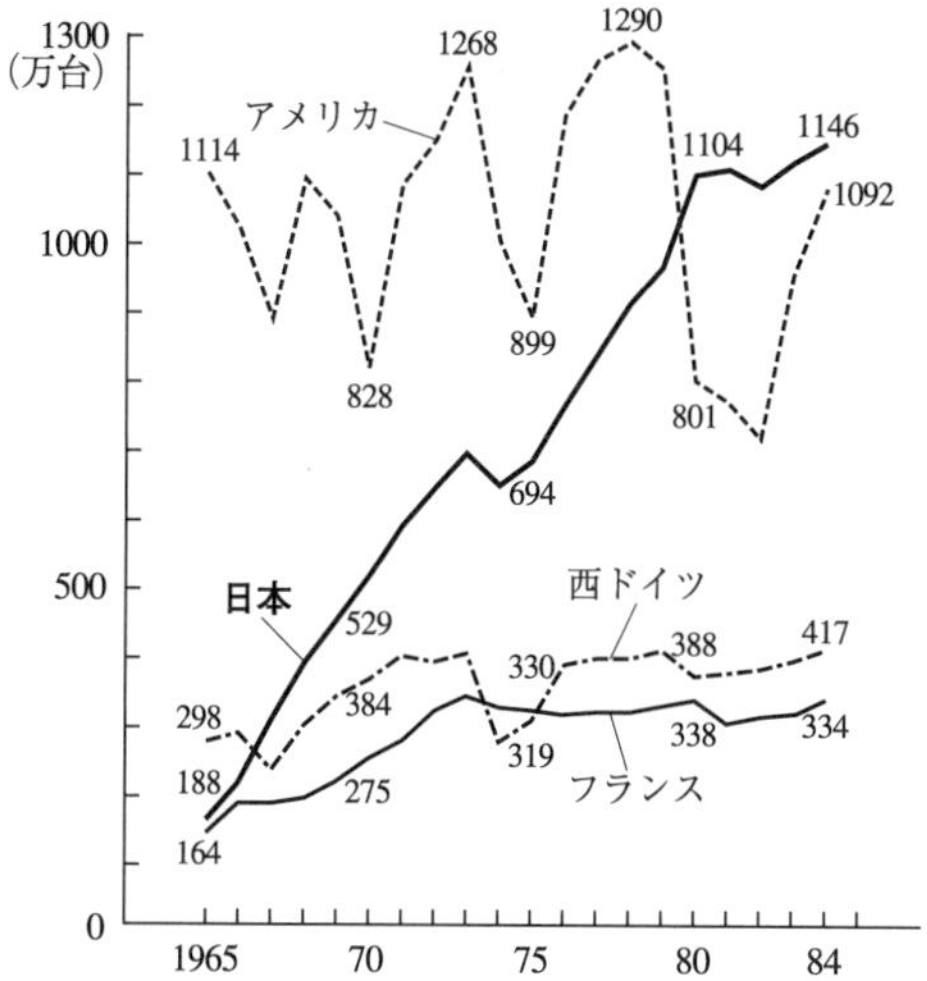


**グラフ2　主要国の自動車生産台数**

出典：『エコノミスト』1985. 4 . 8号、p. 39

この政策は、戦後わが国の食卓が、アメリカ産の小麦をベースとしたパン食の普及とともに牛乳、乳製品、肉類の消費を誘発し、急速に洋風化していったことに符合する。これを可能にしたものとして、パンと粉ミルクをベースとした学校給食（一九五四年六月）の導入を忘れてはならない。学校給食導入の三カ月前の一九五四年三月に調印されたMSA協定（Mutual Security Act―日米相互安全保障協定：本来は軍事援助のための法律で、アメリカが援助を与える代わりに被援助国が軍事力の増強を義務付けており、自衛隊の創設と防衛庁の設置に道を開いた）によると、アメリカの一九五四会計年度（五三年七月―五四年六月）に総額五〇〇〇万ドル（当時の換算で一八〇億円）の余剰農産物を受け入れるという余剰農産物購入協定が含まれている。代金は、円で積み立てることとし、そのうち二割は防衛産業振興のため日本政府に贈与され、八割はアメリカ政府が日本で物資を買い付けるのに使うことになった。

つまり、アメリカは、自国のタダ同然の余剰農産物を食料難にあえいでいた日本に援助し、その見返りに軍事的な施設や義務を負わせた。だがこの政策は、はじめから難問が想定されていた。それは、アメリカの余剰農産物はコメではなく、日本の食卓にはなじまない小麦や牛乳・乳製品だったということである。この政策はこのままでは机上の空論に終わる。

この難問を解決するために登場してきたのが先述の学校給食の導入であった。文部省体育局とタイアップして始まった学校給食は、栄養不足状態の発育盛りの子どもたちに食べものをしっかり届

表1　食料自給率の推移　(単位：%)

| 年度 | 供給熱量自給率 | 穀物(食用＋飼料用)自給率 | 品目別自給率 | | | | | | | | |
|---|---|---|---|---|---|---|---|---|---|---|---|
| | | | 米 | 小麦 | 大豆 | 野菜 | 果実 | 鶏卵 | 牛乳・乳製品 | 牛肉 | 豚肉 |
| 1960 | 79 | 82 | 102 | 39 | 28 | 100 | 100 | 101 | 89 | 96 | 96 |
| 1965 | 73 | 62 | 95 | 28 | 11 | 100 | 90 | 100 | 86 | 95 | 100 |
| 1970 | 60 | 46 | 106 | 9 | 4 | 99 | 84 | 97 | 89 | 90 | 98 |
| 1975 | 54 | 40 | 110 | 4 | 4 | 99 | 84 | 97 | 81 | 81 | 86 |
| 1980 | 53 | 33 | 100 | 10 | 4 | 97 | 81 | 98 | 82 | 72 | 87 |
| 1985 | 53 | 31 | 107 | 14 | 5 | 95 | 77 | 98 | 85 | 72 | 86 |
| 1990 | 47 | 30 | 100 | 15 | 5 | 91 | 63 | 98 | 78 | 51 | 74 |
| 1995 | 43 | 30 | 104 | 7 | 2 | 85 | 49 | 96 | 72 | 39 | 62 |
| 2000 | 40 | 28 | 95 | 11 | 5 | 82 | 44 | 95 | 68 | 34 | 57 |
| 2005 | 40 | 28 | 95 | 14 | 5 | 79 | 41 | 94 | 68 | 43 | 50 |

出典：農林水産省「食料需給表」「流通飼料便覧」から作成

けてやらねばならないとの理由は表面上のことで、じつは、アメリカの余剰農産物のはけ口を学校給食に見出したというわけである。まだ日本の伝統的食生活に馴染んでいない子どもたちなら、パンや粉ミルクを学校で食し、やがて彼らが大きくなった時、食生活の近代化・洋風化とともにコメ離れが進行し、パン食が普及する。その結果、日本の食卓は、パン食の補完財である牛乳・乳製品・肉類などのアメリカの農産物の主要なマーケットになるとの計算が、この時すでにはたらいていたのではなかろうか。

論より証拠、わが国の食卓の現状はまさしくその計算どおりになっているではないか。いわば、学校給食は、日本列島の軍国化と輸入農産物の受け皿となったことを明記しておかねばならない。ここに、地産地消を遠のけ、遠くから農産物を輸入する「前向きの大敗走」のルーツを見出さないわけにはいかないのである。これは、遠産遠消のルーツでもある。

パンと粉ミルクの学校給食の導入が、後の高度経済成長政策を支えた陰の実力者といえるのではなかろうか。つまり、わが国の経済成長政策は、農業から工業立国へ転じ、これをバネとして、造船・繊維・自動車・耐久消費財等の工業製品輸出で外貨を稼ぎ、その見返りとして、貿易収支のバランス上、農産物輸入の増大＝自給率の低下は与件のこととなる。これにともなう国内農業の切捨ては、想定内のことであったといえるだろう。

農業基本法や新産業都市計画法をスタートする前のわが国のGDPは、一九六〇年に一六兆円であった。二〇〇五年には、約三〇倍の五〇三兆円にまで膨れ上がった。その一方で、穀物自給率は、八二パーセントから二八パーセントに急落した（**表1**）。生命系の世界を犠牲にし、市場経済万能主義に邁進し、貨幣物神の呪縛にとり憑いた結果が、公害大国日本、食料輸入大国日本、医療費大国日本であった。

**註**
（1）レスター・ブラウン『エコ・エコノミー』福岡克也監修、北濃秋子訳、家の光協会、二〇〇二、一二〇頁

（2）E・F・シュマッハー『人間復興の経済』斉藤志郎訳、佑学社、一九七六、七七頁
（3）レスター・ブラウン『エコ・エコノミーの時代の地球を語る』福岡克也監修、北濃秋子訳、家の光協会、二〇〇三、二一三頁
（4）レスター・ブラウン『エコ・エコノミー』福岡克也監修、北濃秋子訳、家の光協会、二〇〇二、二八頁
（5）池本廣希『増補改訂版　生命系の経済学を求めて』新泉社、一九九八、五頁
（6）アダム・スミス『国富論』玉野井芳郎他訳、中央公論社、一九六八、四五五頁
（7）同上、四五七頁
（8）佐和隆光『市場主義の終焉』岩波新書、二〇〇〇、二五頁
（9）同上、二四－二五頁

# 第5章　生命系の世界とマルクスの環境思想

## 1　社会主義と環境問題

環境問題は、資本主義社会に特有な問題なのであろうか。社会主義にも存在していることをみれば、社会体制を越えた人類史をつらぬく社会問題ではなかろうか。

ゴルバチョフは、大統領辞任後の一九九三年に、環境保護団体であるグリーンクロスインターナショナルを設立した。NHKの番組「二一世紀の証言」（一九九九年四月二五日、BS放送）の中で、その設立の主旨を説明しながら、環境問題について興味ある見解を述べている。「これまで築き上げてきた文明が、人類と自然の深刻な対立を生み出した。これまで人類はこの世界の主はわれわれわれだ、自然は意のままになる、という態度で自然に接してきたが、このようなアプローチはやめなければなりません。自然あっての人類です。これ以上の自然破壊は許されないのです。……環境問題は世界の緊急課題です。米ソは世界で最も深刻な大気汚染を引き起こした責任があります。そして〝冷戦の負の遺産〟についても責任があるのです」。核の汚染にまで環境問題を深刻化した大国の責任を重く感じ、最後に「自然が変わったのではなく、人間が自然を変えたのです」と自責の念を込めて語っていた。

この見解は、一種の「エコロジスト宣言」のようにもみえる。おそらく彼は、ソ連型社会主義が、資源浪費・地力収奪型アメリカ資本主義を追い越そうとしたために、生産力主義を正当化し、資本主義と同様の、あるいはそれ以上の深刻な地球環境破壊をもたらしてしまうであろうということをいち早く察知したのかもしれない。

ところで、旧ソビエトや旧東欧、あるいは現存する社会主義諸国は、中国の環境問題にうかがえるように資本主義諸国と変わらぬ、あるいはそれ以上に深刻な公害・環境問題を抱え込んでいる。この点、どのように理解すればいいのだろうか。社会主義国における環境問題は、マルクス主義の逸脱であるとの見解やもともとマルクス主義にみられる生産力主義に遡及するとの見解もある。果たして、そのような見方にとどまっていていいのだろうか。

マルクスの思想体系は、生産力の発展が社会主義の推進力であると認識し、環境問題もその生産力によって解決するとの見解と、その生産力を積極的に評価したことが社会主義においても環境問題を深刻にしているとの見解がある。そしてもう一つ、マルクスは環境問題に対するエコロジー的視点を有しているとの見解がある。

ここで環境問題も生産力の発達で解決できるとする生産力主義についてふれてみよう。この点について、いいだももは、『エコロジーとマルクス主義』の中で「科学＝技術革命、とくに科学の革命はおそかれはやかれ廃棄物を有効に処理し、原料に転化する有利な方法を発見するが、廃棄物が大量であるということは、かえって廃棄物を収集し、加工する部門を創出しやすくなる」(1)との芝田進午の見解を紹介し、「このたぐいの『マルクス主義』によるならば、今日の放射性廃棄物の問題も食糧危機問題も、『科学＝技術革命』なるものの一層の進展によって苦もなく克服できる」(2)ということになると指摘し、芝田進午の安易な生産力主義を痛烈に批判している。

私もこの、いいだももの意見に同感である。ここで少し長くなるが、芝田の論点をもう少し追ってみよう。『科学＝技術革命』により、人間は自然にまったく存在しない物質をさえ大量に創造してこれを労働対象にするのであって、『労働対象と加工方法の分野での革命』がもたらされる。その結果、人間は天然資源の分布やそれらの自然的特質等の限界からますます解放されるようになり、自然と人間（人間的自然）の高次の統一が達成され、人間は自然の真の支配者・創造者になる」(3)。そして、その高次な統一が達成された結果「自由な人間の共同体」ができるが、そのもとでは、

「大工業の技術的過程は、これまでの一切の制限から解放され、全生産過程にわたるオートメーション過程として発展する。その結果……労働時間の合理的利用と節約、生産物の量の増大と質の向上、不良生産物と屑の減少、労働の安全と職場衛生の改善、生産費等の削減をなす(4)」と、来るべき未来社会をバラ色に描く。その推進力は、自然力と同じ無償の役立ちをなす「生産力」にあるというわけである。

果たして、そうであろうか。ここには産業革命以来、その勢いを増した機械による自然の搾取は議論に上がっていない。その自然力は無償、つまりタダの財として無限にあるとの認識が、決定的に問題である。壊れたものを解消するのに生産コストがカウントされなければならないという認識をもっていない。このような認識の下で生産力主義、「科学=技術革命」なるものが社会主義の名のもとに遂行されれば、資本主義よりも環境破壊は深刻なものになるのではなかろうか。

このような、「生産力至上主義」、あるいは「生産第一主義」は、かつてのソ連を中心とした東欧の社会主義陣営が、資本主義陣営に追いつき、そして競争に勝ち抜くために国を挙げて追求してきた。中国の改革・開放後の一九八〇年代半ば、北京大学を卒業して神戸大学に留学してきた留学生に、日本が体験した公害や環境破壊の源となった「生産至上主義」「生産力主義」「市場経済至上主義」は反面教師にすべきではないか、という私の問いかけに対して、彼は、「まず経済成長のためには生産力を向上させることだ。そのことによって公害や環境破壊が生じるならば、それはその時に考えればいいことだと思う。市場経済の導入によって先進資本主義諸国との遅れを取り戻すことが何より先決だ」との答えが返ってきた。

それから約二〇年後の二〇〇七年一〇月に行われた中国共産党第一七回大会で、胡錦濤国家主席は、工業化と現代化を進めるうえで環境保護と資源節約に重点を置き、従来の経済成長至上主義路線を転換し、深刻な環境破壊・汚染の改善や貧富の格差拡大の是正に取り組む方針を発表した。そして、「エコ文明」という概念を提唱し、持続的発展を可能とする省エネ・省資源の環境に配慮した社会を目指すと宣言した。これは、先の留学生の発言を裏付ける政策転換である。

確かに、先進国は環境規制のない時代に盛んに工業生産を増大して今の経済的豊かさを築いた。後発の開発途上国が環境規制のハードルを最初から課せられるのは不平等だということから中国や開発途上国は、京都議定書の制約国から免れている。そのため環境税の負担や環境規制が緩やかになっており、先進各国の工場が進出し、公害の受け皿となっているという事情も事実であろう。つまり、中国や開発途上国の深刻な環境問題は、先進国が環境規制によるコストを回避するため、その経済的利害のしわ寄せの結果だともいえる。

しかし、現在の環境問題は、諸国家間の経済的利害と絡みながらも、地球的規模の生態学的赤字を累積する深刻な問題と化してきており、社会体制を越えた世界共通の課題になってきている点に特徴がある。環境問題は、社会体制の問題で片付くものでもないのである。

だとすれば、今ここで問われなければならないことは何なのか。先の演説でゴルバチョフは、意識改革と情報公開の重要性を主張している。私はその意識改革の一助として、マルクスの思想の中から、環境思想として読み取れる部分を照射してみたい。環境問題の根本問題にかかわる自然と人間の問題、さらに自然認識や生産概念についてあらためて再検討する必要がある。現実に起こっている環境問題を踏まえて、今一度、マルクスの思想はどうであったのか、という原点に立ち返り、とりわけマルクスの環境思想とコモンズの悲劇に関する共同体の解体に的を絞って言及してみたい。

## 2　資本主義の誕生と環境問題の発生

マルクスは、一八四一年、『デモクリトスとエピクロスの自然哲学の相違』という表題でイエナ大学に学位論文を提出し、学位を取得した。しかし、プロイセン政府の思想弾圧のためにボン大学の講師になる希望を捨て、翌年、故郷ライン地方のケルンで新しく発行されたライン新聞(Rheinische Zeitung)の主筆になった。そこで彼は、そのころドイツ資本主義が直面した経済問題を契機に経済学研究の必要を感じ取り、森林盗伐や土地所有の分割、さらにモーゼル川流域の農民の状態、そして自由貿易と保護関税といった具体的な経済問題を論じることになった。

封建社会から資本主義が発展する端緒（始まり・始元）は、共有地の囲い込みによって、まず土地の私的所有から始まる。土地に依存して生活し、落ち葉や枯れ木を拾って肥料や薪に使い、細々と生計を立てていた農民たちは、土地や山林の私有化が進むことによって、直接の打撃を被った。ドイツでは、一八四〇年代にライン州議会で「木材窃盗および土地所有の分割」に関して討論された。マルクスは、この件に関して「ライン新聞」(一八四二年一〇月二五日付)の紙上で、はじめて人民大衆の物質的利害の代弁者としてたちあらわれた。

議員諸公は、枯れ枝を集めることと盗むために木を伐採することをいずれも他人の木を自分のものにするということで同列に扱っているが、両者は本質的に違うとマルクスは反駁する。「伐採された木は、すでに手が加えられた木材である。所有権との自然的な関係にかわって、人為的な関係が生じている。したがって伐採された木をかすめ取るものは、所有権をかすめ取るものである。これに反して枯れ枝の場合には、……すでに所有権から切りはなされてしまったものが、所有権から切りはなされるにすぎない。……諸君が所有しているのはただ樹木だけであって、落ちている小枝はもはやその樹木に属するものではないのだから[5]」と。

マルクスは、このような法解釈から、森林や土地を所有しない貧しい農民たちを守るべく慣習的権利を与えることが必要だと主張した。この権利は、落ち穂拾いや刈り残り拾いの慣習的権利として認められてきたが、それと同様の権利であり、それはいわば貧しい農民が生きていくための受けるべき自然の恵みであると論駁した。

これと類似した事件が、ドイツ同様、後発資本主義国の日本でも起こっている。岩手県二戸郡小繋村で起こった「小繋事件」（一九一五年—一九六六年）がそれである。それは、明治維新政府がいち早く手がけた一八七四年の「地租改正」に端を発した。封建時代の貢租を近代的租税制度に転換させるための準備、すなわち「地租」の根拠となる土地の私的所有の公認に始まる。その準備に全国的規模で土地の測量が行われ、日本の土地全体に境界が定められ、ここに私有制が制度的に確立するに至った。そして、これに続いて一八八〇年に「山林原野官民所有区分処分」が実施された。その際、小繋村の村民が下草や枝をとっていた小繋山が共有林や村有林に編入されないで、旧庄屋個人の持ち物になってしまった。

村民の知らないうちに小繋山は私有化され、農民たちは、大きな打撃を被ったのである。小繋村の農民は、入会権を主張して約半世紀も裁判を闘ったが、一九六六年、最高裁の最終判決で「入会権は消滅した」との法解釈が下され、ついに農民側は敗北に終わった。

こうした経済問題は、資本主義の初期段階、しかもドイツや日本のような後発資本主義が直面する小農民問題、農業問題であり、資本主義が封建社会を凌駕しはじめるとき、共有地（コモンズ）が解体するときに生じる問題である。

マルクスが最初に手がけたこれらの農業・農民問題は、いわゆる共有地の囲い込み運動による資本の原始的蓄積期に生じる問題でもあったのだが、同時にそれはマルクスにあっては、後に階級闘争史観や唯物史観として「共産党宣言」や「資本論」に結実していく。ただ、ここで見落としてはならないことがある。それは、資本の原始的蓄積を踏まえ、一八六〇年代に始まる産業革命をテコに資本主義は確立してゆくわけだが、そこに今日の環境破壊の歴史的端緒を見逃してはいけないということである。

資本主義はいわば「搾取」の上に成り立つ経済システムである。「搾取」はドイツ語では、Aus-beutung である。これは、Aus=「徹底的に」、beutung=「奪う」ということを意味する。確かに、人類は、人類史の幕開け以来、土を耕し、農耕を開始し、そこに文明社会を築き、生きる糧を土から得て生きてきたのである。しかし、その時代は、「土から得たものは土に返していた」ので文明は永続してきた。ところが、文明の発達につれ自然からの果実（労働の成果も含む）を奪う術が高度化し、自然の収奪は強化されていった。

かくして、産業革命による機械の登場は、それまでの様相を一変させた。産業革命の歴史的意義は、資本主義を確立させたことにある一方で、機械技術の飛躍的発展をもたらし、それは機械とその下で働く多くの労働者によって自然の搾取が徹底され、生態学的赤字が累積するスタートになったのである。しかし、当時の生産力水準では機械が自然にツメを立てたとしてもその生態学的許容範囲内で消化されていたので、生態学的赤字は意識の俎上に上らず、自然に眠る地下資源は無限にあって、それはタダの財との認識のもとに乱獲が進んでいったのである。

換言すれば、資本は、労働者の労働力の価値を奪い（人間の搾取）、かつ労働の対象となる自然をその労働力の使用価値である労働と過去の労働の生産物である機械によって根こそぎ奪っていくのである（自然の搾取）。かくして、機械制大工業の基礎上に資本主義が確立し、それとともに「搾取」は「人間の搾取」にとどまらず、「自然の搾取」にまで広がることになり、そこに徹底した自然・環境破壊の歴史が始まったと言わざるをえないのである。

## 3　エコロジーとマルクス環境思想の接点

『経済学哲学草稿』執筆時の初期マルクスの思想は、自然哲学を下敷きに唯物論を確立していく過程でもあるが、そこにエコロジー的視点が散見される。マルクスは、その第一草稿「疎外された労働」において、「人間の普遍性は、実践的にはまさに、自然が（1）直接的な生活手段であるかぎりにおいて、また自然が（2）人間の生命活動の素材と対象と道具であるその範囲において、全自然を彼の非有機的肉体とするという普遍性の中に現れる。自然、すなわち、それ自体が人間の肉体でない限りでの自然は、人間の非有機的身体である」[6]と指摘する。したがって、「人間が自然によって生きるということは、すなわち、自然は、人間が死なないためには、自然との不断の［交流］過程のなかにとどまらねばならないところの、人間の身体であるということなのである」[7]。だから

「人間の肉体的および精神的生活が自然と連関しているということは、自然が自然自身と連関していること以外のなにごとをも意味しはしない。というのは、人間は自然の一部だからである[8]」と強調している。そして、第三草稿「ヘーゲル弁証法と哲学一般との批判」において、「人間は直接的には自然存在である。しかも生きている自然存在として、人間は一方では自然的な諸力を、生命諸力をそなえており、一つの活動的な自然存在である[9]」と説明している。

つまり、人間は自然の一部であるが、自然から生まれた自己意識ある生物（organismen）であり、活動的な生きた自然存在なのである。一方、自然は人間にとって富（Wealth）＝使用価値の源泉であり、自然は人間の生命活動にとって欠かせない材料や道具を提供するのである。かくして人間は、自然とともに生きていくのであって、この若きマルクスの思想に、「自然と人間の一体性」を読み取ることができる。この「自然と人間の一体性」があるために、自然を大切にすることが人間を大切にすることになる。ただし、その逆も真なりで、自然の破壊は人間の破壊を結果するということになる。

その後、マルクスの「自然と人間」に関する思想は、『資本論』の中では次のように展開されている。人間にとって富（Wealth）＝使用価値の生産は、「人間の助力なしに天然に存在する[10]」ところの土地を前提してはじめて可能となる。だから、「労働は、それによって生産される使用価値の、素材的富の、ただ一つの源泉なのではない。ウイリアム・ペティの言うように、労働は富の父であり、土地はその母である」[11]という認識をしている。これは、労働のみがすべての富の源泉ではないことを示唆するものである。

この点は後に『ゴータ綱領批判』において、「労働はすべての富の源泉ではない。自然もまた労働と同じ程度に、諸使用価値の源泉である。そしてその労働はそれじたい、ひとつの自然力すなわち人間的な労働力の発現にすぎない」[12]と指摘している。マルクスは続けて、「人間があらゆる労働手段と労働対象との第一の源泉たる自然にたいして、はじめから所有者として関係をむすび、それら労働手段と労働対象とを自分に属するものとしてとりあつかうばあいにのみ、労働は諸使用価値の源泉となり、かくしてまた富の源泉ともなるのである」[13]と指摘する。

つまり、土地は、歴史的に人間に先行して存在していることは明白な事実である。その土地の私有によって社会の共同性が喪失され、土地そのものとそれに付属する地上の森林資源や表流水、地下資源の私有化と同時に環境の私有化も始まる。資本主義的市場経済は、土地を私的に所有し、かつ、労働力を商品として所有する体制によって確立し、その発展とともに「自然と人間」の関係に歪みが生じ、人間による自然の支配、自然の搾取が始まる。それが今日の自然環境破壊の歴史的端緒になったといえる。この点は、先述したようにドイツ・ライン州での「森林盗伐問題」やわが国の「小繫事件」などにみられる、いわゆる資本の原始的蓄積期の資本主義が抱える特異な農業・農民問題を、エコロジーとマルクス主義思想の接点の歴史的端緒として位置づけることができるだろう。

ところで、マルクスの環境思想を考える場合、上述の歴史的に人間に先行している土地所有の問題とは別の角度からの問題、すなわち地力問題や自然循環の問題との関係が重要である。この点については、椎名重明が『農学の思想』の中で、マルクスとリービッヒの接点を求めながら、リービッヒを評価して次のように述べている。

「『有機農業』が再評価される傾向のなかで、これまでのわが国の化学肥料万能的なやり方が、あたかもリービッヒの責任であるかのようにいう人がでてきている。しかし、それは決して正しくはない。……日本古来の『有機農業』を破壊した原因は日本の近代化過程そのもののなかにあったのであり、いいかえれば、リービッヒ的農学が日本の土壌で育たなかったことがむしろその理由である。……リービッヒによれば、『人間、動物、植物の生命は、それらの生命活動の原因をなす諸条件すべての回復と密接不可分の関係にある。そして土壌はその成分によって植物の生命にかかわっている。』つまり自然界の生命現象は人間を含む『動物と植物の物質代謝』stoffwechsel の過程であり、『人間がいなくても存続する』とはいえ、『人間の加わりうる巨大な循環』ein großer Kreislauf をなしている。したがって、『補充の法則』Gesetz des Ersatzes—すなわち、諸現象はそのための諸条件が回帰し同じ状態を維持するばあいのみ永続するということ—こそは、自然法則のなかで最も普遍的なもの[14]」である。

椎名の指摘するリービッヒの「補充の法則」は、きわめて重要である。先述したように、マルクスの言う「搾取」(Ausbeutung)は、自然の力を徹底的に奪うだけ奪うということであった。「土から得たものを土に返す」という循環・回帰を実践すれば、「搾取」は回避できるという地平に立てる。したがってこの「補充の法則」には、『経済学哲学草稿』以来のマルクスの資本主義批判、とりわけ「経済学批判」の書としての「資本論の世界」と相通じるものがあるといえよう。

たとえば、『資本論』第一巻第一三章「機械と大工業」で、マルクスは次のように述べている。「資本主義的生産は、それによって大中心地に集積される都市人口がますます優勢になるにつれて、一方では社会の歴史的動力を集積するが、他方では人間と土地とのあいだの物質代謝を攪乱する。すなわち、人間が食料や衣料の形で消費する土壌成分が土地に帰ることを、つまり土地の豊穣性の持続の永久的自然条件を、攪乱する。したがってまた同時に、それは都市労働者の肉体的健康をも農村労働者の精神生活をも破壊する。……そして、資本主義的農業のどんな進歩も、ただ労働者から略奪するための技術の進歩であるだけではなく、同時に土地から略奪するための技術の進歩でもあり、一定期間の土地の豊度を高めるためのどんな進歩も、同時にこの豊度の不断の源泉を破壊することの進歩である(15)」

つまりここでマルクスは、資本主義的生産の進歩は、人間が食料や衣料の形で消費する土壌成分が土地に帰ることを攪乱すると考えている。これは、土壌栄養分は循環することとつながっており、ここにマルクスの環境思想は現代に生きていると考えられる。これは、上述のリービッヒの「諸現象はその同じ状態に回復する場合にのみ永続する[16]」という「補充の法則」に見られる思想と同一地平に立つものである。

ただマルクスにおいては、資本主義的生産様式は「一つの新しい、より高い総合のための、すなわち農業と工業との対立的につくりあげられた姿を基礎として両者を結合するための、物質的諸前提もつくりだす[17]」との認識をしており、それは、この章の末尾で、「それゆえ、資本主義的生産は、ただ、同時にいっさいの富の源泉を、土地をも労働者をも破壊することによってのみ、社会的生産過程の技術と結合とを発展させるのである[18]」と結論づける。この個所はフランス語版「資本論」では、「資本主義的生産は、あらゆる富が湧き出る二つの源泉を同時に汲み尽くすことによってのみ、社会的生産過程の技術と結合とを発展させる。この二つの源泉とは、土地と労働者[19]」と表現している。

フランス語版『資本論』でマルクスは、富の二つの源泉を「土地と労働者」という表現でより明確にしており、かつ脚注で、資本主義的農業の進歩が労働者を搾取する技術の進歩であり、土地から剝ぎ取る技術の進歩であるとの認識に導いたリービッヒの功績を称えている。「近代的農業の否定的側面を科学的見地から詳しく浮き彫りにしたのは、リービッヒの不朽の功績の一つである[20]」と。この点は後に、『資本論』第二四章第七節「資本主義的蓄積の歴史的傾向」で示される以下の思想につながるのである。

「資本主義的生産は、一つの自然過程の必然性をもって、それ自身の否定を生み出す。それは否定の否定である。この否定は、私有を再建しはしないが、しかし、資本主義時代の成果を基礎とする個人的所有をつくりだす。すなわち、協業と土地の共有と労働そのものによって生産される生産手段の共有とを基礎とする個人的所有をつくりだすのである。……前には少数の横領者による民衆の収奪が行われたのであるが、今度は民衆による少数の横領者への収奪がおこなわれるのである」[21]

これはいわゆる否定性の弁証法によって、技術や生産力の進歩が、より高次の社会のための物質的諸前提を準備するという思想であり、そこに、マルクス自身の思想に生産力主義が読み取れるという解釈も成り立つ部分である。しかし、実際は農村共同体を残したままのロシア資本主義に社会主義革命の幕が開いた。これはどう考えたらいいのか。この点、幸いなことに、マルクスがほとんど死の床に横たわりながら書き残した「ヴェ・イ・ザスーリッチへの手紙」（一八八一年三月八日）に示唆されている。

「西ヨーロッパの運動においては、私的所有の一つの形態から他の一つの形態への転化が問題となっているのです。これに反して、ロシアの農民にあっては、彼らの共同所有を私的所有に転化させるということが問題なのでしょう。……すなわち、この共同体はロシアにおける社会的再生の拠点である」[22]と書きとめている。ともあれ、マルクスはこの手紙でナロードニキ的路線の可能性を探求するという方法を模索する中で、「自然発生的発展の正常な諸条件をこの共同体に確保すること(23)」の必要性を指摘した上で、遅れた共同体的農村構造を広範に残したまま、その共同体がロシアにおける社会的再生の拠点になると明示したのである。ここには、生産力主義一辺倒ではないマルクスの革命路線や環境思想がうかがえるのである。

## 4　生命系の経済学とマルクス後の環境思想

レーニンからマルクス批判家として批判されたE・ダビッドは、「社会主義と農業」の第二章「有機的生産と機械的生産の本質的相違」で次のように述べている。「工業的加工業においては種子はまさしく、マルクスの意味における原料、すなわち死せる素材（tote Materie）であって、機械的、物理的及び化学的作用の媒介によって、単にその形態を変じて新生産物になるにすぎない。農業的生産においては之と全く異にする。ここでは種子は生ける有機体（Lebendiger Organisumus）として動き、種子の受ける変化は生産的進化なのである(24)」

レーニンは、E・ダビッドを農業問題における修正主義者として批判するが、この引用に関するかぎり、今日、環境問題を論じる場合、むしろレーニンに歴史的限界を感じる。種子は、有機的生産においては生ける有機体であり、生産的進化を遂げるのに対し、機械的生産では死せる素材になるという指摘は、歴史を超えて示唆に富む。たとえば、小麦の種は粉砕すれば、小麦粉としてパンの原料になるだけだが、その同じ小麦の種を土に返すと収穫時には何十倍にもなって返ってくるのである。しかも、その小麦の種を残せば、未来永劫いつまでも小麦のいのちはつながるのである。

ここに、生命系の世界からみた環境と経済とのつながりが見えてくる。生産の発展と富の獲得が近代世界の最終目標としてきた成長の経済学は、地下資源は無限にあるタダの財と認識し、それだけに自然の搾取が徹底し、資源枯渇を招くのは時間の問題であった。それは、一九七二年にローマクラブ・レポートとして出版された『成長の限界』に描かれている。

これに対し、一九七〇年代後半になって、生命系の世界の危機を叫ぶ書物が多く出版されるようになった。その一つに、ドイツ生まれのE・F・シュマッハーが著した『人間復興の経済』(一九七六年)がある。彼は、西欧近代化思想の根幹である「巨大主義」と「物質主義」への全面的挑戦を、「Large is beautiful. から Small is beautiful.」というテーゼで表現したことは、本書でもすでにふれた。あくなき経済拡大と物質崇拝の抜き難い信仰によって人類社会が大きく歪められてきたことに対し、脱近代への視座の転換を主張している。

これからの経済学は、地球は人間のものではなく、人間が地球のものだという発想の転換のもとに、人間は、自然とともに生きていくしかないということを基本理念とした新しい経済学の構築が必要になっているということである。それは、たとえば、地下資源は有限であるので「循環型資源」、あるいは、「更新性資源」の活用を土台とした、「持続可能な経済発展」を実現可能とする経済学の構築である。その経済学の展開の基軸は、循環(recycle)、持続(sustain)、調和(balance)、多様性(variety)の四つの概念に集約される。

現在、人類が使用している化学合成物質は一〇万種類にも及ぶといわれている。レイチェル・カーソンによれば、DDTなどの化学物質の使用が目立って増えはじめたのは、一九五五年以降だということだ。彼女が一九六二年に刊行した『沈黙の春』は大反響を呼んだ。当時のアメリカ大統領J・F・ケネディは、いち早くカーソンの警告を受け入れ、専門家に調査を依頼し、カーソンを全面的に支持した。それから三四年後の一九九六年に、その姉妹編ともいうべき『奪われし未来』(シーア・コルボーンほか)が出版され、環境ホルモンやダイオキシン問題が世界的にクローズアップされた。

アル・ゴア元副大統領は、この書の序文で次のように述べている。「ここへきて私たちはようやく、この汚染がどのような結果を招いたのかがわかりはじめてきた。本書は、カーソンの志を継ぎ、問題の合成化学物質が、性発達障害や行動および生殖異常といかに密接に関わっているのかを裏づける膨大なデーターを一つ一つ丹念に検証した労作である」[25]と。いわゆる、内分泌攪乱物質である環境ホルモンは、精子の減少、不妊症、生殖器異常、乳がんや前立腺がん、さらには多動症や注意散漫といった子どもにみられる神経障害、そして野生生物の発達および生殖異常など、いずれも深刻な問題を抱えるに至っている。

すでにふれたように、マルクスによれば、富の源泉は土地と労働者であった。その富の源泉をAusbeutung＝徹底的に奪い尽くすことによって、文字どおり成長してきた成長の経済学は、自然必然的にその対岸に環境破壊や健康破壊をもたらす。それは間違いなく、土地と労働者を傷める。自然を人間の都合に合わせて改造するのでなく、自然に合わせて人間も生きていくという考えや、「土から得たものは土に返す」という「補充の法則」を環境思想の原点に据え、土地と労働者がアニメイトし（息を吹き返し）、地域社会が活性化するための経済学をこれからの経済学は求めなければならない。

現代は、生命系の世界の根源をなすといってよい土地＝生産手段からの生産者の歴史的分離過程や、資本の価値増殖過程として商品形態に編成された労働過程、すなわち自然と人間の物質代謝過程のきわめて特異な歴史的性格、また、近代的自然観に基づく人間中心的自然観などの超克が緊急の課題として問われている。

### 註

（1）いいだもも『エコロジーとマルクス主義』緑風出版、一九八二、一〇―一一頁

(2)同上、一一頁
(3)芝田進午『科学=技術革命の理論』青木書店、一九七一、三三頁
(4)芝田進午『人間性と人格の理論』青木書店、一九六一、三八〇―三八五頁
(5)「木材窃盗取り締まり法にかんする討論」『マルクス・エンゲルス全集　第1巻』大月書店、一九七一、一二九頁
(6)マルクス『経済学・哲学草稿』城塚登・田中吉六訳、岩波文庫、一九六四、九四頁
(7)同上、九四頁
(8)同上、九四―九五頁
(9)同上、二〇六頁
(10)マルクス・エンゲルス全集第23巻a『資本論　第1巻』大月書店、一九七三、五八頁
(11)同上、五八頁
(12)マルクス『ゴータ綱領批判』岩波書店、一九七五、二五頁
(13)同上、二六頁
(14)椎名重明『農学の思想』東京大学出版会、一九七六、一一―一六頁
(15)マルクス・エンゲルス全集第23巻a『資本論　第1巻』大月書店、一九七三、六五六頁
(16)椎名重明『農学の思想』東京大学出版会、一九七六、一六頁
(17)マルクス・エンゲルス全集第23巻a『資本論　第1巻』大月書店、一九七三、六五六頁
(18)同上、六五七頁
(19)マルクス『フランス語版資本論』下巻、江夏美千穂他訳、法政大学出版局、一九八三、一四九頁
(20)同上、一四九頁
(21)マルクス・エンゲルス全集第23巻a『資本論　第1巻』大月書店、一九七三、九九五頁

(22) マルクス・エンゲルス全集第19巻「ヴェ・イ・ザスーリッチへの手紙」大月書店、一九七三、二三八頁
(23) 同上、二三九頁
(24) ダビッド「有機的生産と機械的生産の本質的相違」東畑精一訳、『農業経済研究』創刊号、岩波書店、一九二五、一八五―一八六頁
(25) シーア・コルボーンほか『奪われし未来』長尾力訳、翔泳社、一九九七、四頁

# 第6章　水と土と循環型社会

## 1　二一世紀は「水」の世紀

人類が直立歩行を開始した「人類革命」は、五〇〇万年前といわれている。そして、農耕が始まる「農業革命」は一万年前という。栽培に必要な水を管理するようになったのは、紀元前四〇〇〇年ごろに、チグリス川とユーフラテス川にはさまれた「肥沃な三日月地帯」であった。雨期にチグリス川が氾濫し、この氾濫原に種子を播く。ところが収穫期には乾期となり、収穫目前で川は涸れてしまう。そこで古代シュメール人は、乾期に溝を掘り、川の流れを迂回させ、水が涸れないようにして食料生産を安定させ、メソポタミア文明の誕生をみたのである。さらに、地下に緩やかな勾配の水路＝カナート（**図1**）を掘り、地下水を下流域で集水し、地上に流出させて利用する地下用水路を設けた。

この灌漑によって農業生産力が高まり、余剰農産物の蓄積が可能となった。そこから冶金、織物、陶器、工芸、文学、建築、数学など幅広い分野でメソポタミア文明繁栄の基礎が築かれたのである。しかし、この灌漑による水の管理は、短期的には成功をおさめたものの、長期的には繁栄を保障するものではなかった。灌漑による土地の酷使が、土壌の劣化と作物の大敵である「塩類集積」をもたらし、やがて文明の土台をむしばんでいったのである。

一方、現代の世界では、ダム建設に適した場所はどこにでもダムがあり、またポンプによって地下水は過剰揚水されている。「一九五〇年代に強力なジーゼル・ポンプと電気ポンプが現れてから、農民は大規模に地下水を使用し始めた。今日、自然が補給できる以上の早さで地下水層から水を汲み上げる過剰揚水の問題は、至るところで見られる。総合すると、年に少なくとも一六〇〇億立方メートルもの水が過剰に汲み上げられている。これはアメリカの穀物量の半分を生産できる水の量である。現在の世界の穀物生産量の一〇分の一は、持続不可能な水使用によって支えられているということだ」[1]。この過剰揚水はとりもなおさず、文明社会を誕生させ、支えてきた再生可能な水利用を再生不可能な水利用に転化させ、文明社会の終焉に拍車をかけることになる。

**グラフ1**に見られるように、灌漑による農地面積は、一八〇〇年には、八〇〇〇万ヘクタールだった。一九〇〇年には五倍の四〇〇〇万ヘクタールになった。そして、一九五〇年までに二・五倍の約一億ヘクタールに拡大し、一九九五年には、さらに二・五倍の二億五五〇〇万ヘクタールに拡大している。過去二〇〇年間で三〇倍も増えている。[2]この灌漑によって、世界の農作物の三〇パーセントが生産されている。

中国の黄河では「断流」が起こっている。「一九九六年以来河口部まで一滴の水も流れていない日が続いている。一九九六年に数週間、九七年には二〇〇日以上にもわたって、下流部の流れが止まった。有効な対策を打たない限りこの現象は今後恒久的になることが懸念されている」[3]。この原因は、中国の近代化政策に基づく黄河流域での灌漑と工業化による揚水の拡大である。

これまで水は豊富にあると思われ、水を節約して食料生産することを考えてこなかった。ところが今、近代河川技術や灌漑設備の近代化にともない、過剰揚水も手伝って、世界的規模で水がどんどん不足してきている。爆発的な人口増加もこれに拍車をかけている。地球の水一四億立方キロのうちの九七パーセントは海水であり、残る三パーセント足らずが淡水である。しかも、その淡水のうち八〇パーセントは南極・北極の氷であり、二〇パーセントは地下水である。私たちが生活に利用できる水は、地球の水の〇・八パーセントでしかない。したがって、河川水や湖水はごく限られた水の量になる。水は有限で、かつ貴重な資源であることがようやく認識されはじめた。一九九七年は、第一回世界水フォーラムの幕開けとなった。二一世紀は「水」の世紀なのである。

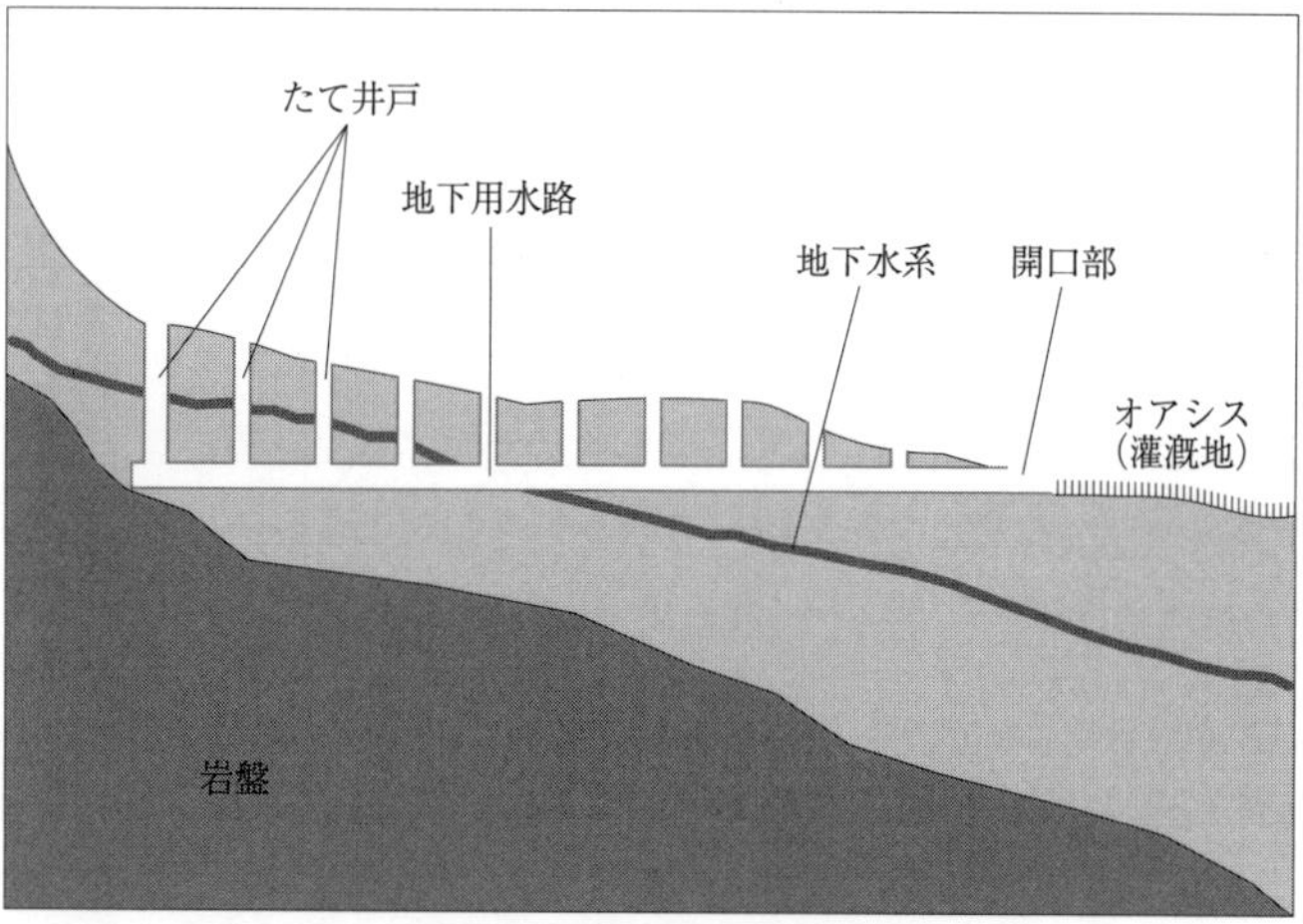


**図１　カナートの模式図**

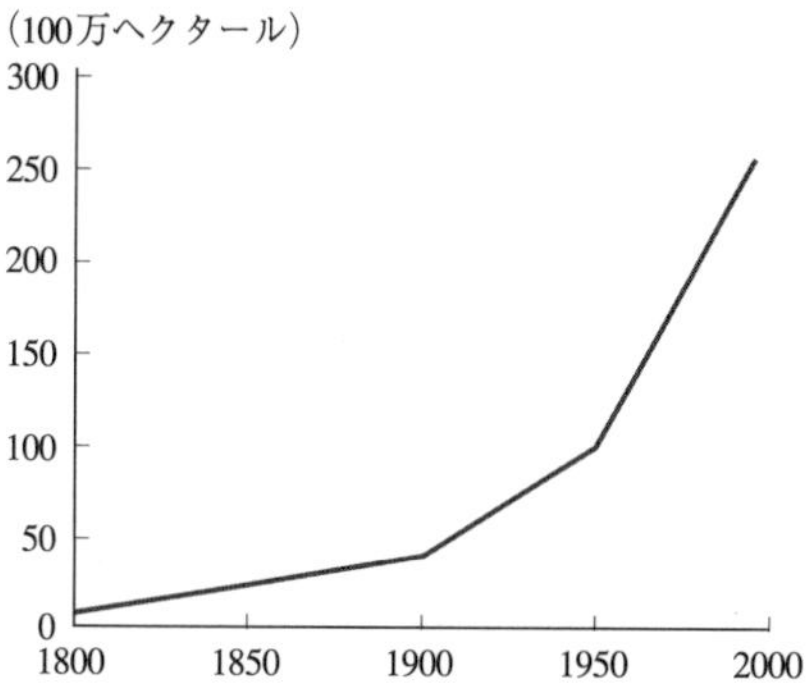


**グラフ１　世界の灌漑面積「水不足が世界を脅かす」**
出典：Framji and Mahajan, Field FAO

## 2 「農的循環型社会」と農業体験の意義

日本の水の現状はどうだろうか。たとえば、田んぼがなくなってきたために、貴重な水を溜めてきた「ため池」が潰されている。ため池は、親池・子池・孫池という具合に、用水路でつながって地域の水系をつくっている。そのため池をつなぐ用水路は、人間の身体でいえば血管のようなものだ。だから、むやみにため池や用水路を潰すと危ない。

たとえば、廃止されたため池の付近では、梅雨時や台風シーズンに屋敷まわりや道路が水に浸かりやすくなった、ということがため池の調査をしてわかった。廃止ため池が増えると、それだけ貯水能力が低下するからである。ため池を廃止するならば用水路の幅を広くしなければならないという逆説が成り立つ。廃止されたことによってため池の存在価値がわかってきたのである。ため池再発見である。

わが国では昔からその水と田んぼを何度も繰り返し利用し、連作障害に見舞われることもなく米を作ってきたのである。川から取水した水をいったんため池に溜めて、太陽光線にさらすことによって、稲にとって必要な温かい水にして田んぼに届けられた。地下水を汲み上げて事足りるというそんな単純なものではない。「ため池は生きもの」なのである。

一方、河川はどうか。伝統的河川は、信玄堤にも見られるように、暴れ川の氾濫を前提に堤をはじめから切って設計している。そして、堤の外側に水田を備え、あふれ出る水を田んぼが受け入れ、増水する水を取り込みながら水害に備えた。その際、田んぼは遊水池の機能をもつため池となる。堤防の決壊はあらかじめ想定し、その時の減災対策が全体的に考案されていたのである。

これに対し、近代河川は、蛇行する川を直線に改修し、堤防はコンクリートで強化し、増水した水をすばやく海に流し落とす、いわば洪水防止機能に特化している。そのため川と人の暮らしは分断された。堤防の決壊は想定外なので、いったん増水した水が越流し、堤防が決壊した場合には大災害になる。例年の台風による大水害も、森林破壊による保水能力の低下や減反による水田やため池の減少、さらには近代河川思想が、その遠因となっていないだろうか。たとえば、二〇〇四年一〇月の台風二三号上陸の際には、豊岡市を流れる円山川の氾濫や、**写真1・2**に見られるように、淡路島のため池の決壊によって、道路破損や家屋の浸水や倒壊の被害が相次いだ。

部分的思考を特色とする近代を問い直し、水の貴さだけでなくその怖さも認識し、水や田んぼやため池のもつ「循環」機能の意義を再認識することが今、問われている。この水や田んぼやため池のもつ「循環」機能の意義を少し掘り下げてみよう。

一九六〇年代の高度経済成長期以降、市街化区域の都市化の進行とともに田んぼが埋め立てられた。用水路にフタがされ、曲線の道路が直線になり、舗装されて、道端の草花が消える。一見、快適な住空間が広がる、こうした環境で暮らしてきた私たちは、田んぼよりマンションのほうが、小川のメダカより車のほうが、草花の美しさよりも便利さのほうを選択し、それがこれからの近代的な生き方だと思ってきたのではないだろうか。

しかし、私たちの少年時代には、釣り針を作り、ミミズを捕って餌にして魚を釣った。その川や池で泳いで遊んだ。時にはまた、稲刈の終わった田んぼで鬼ごっこをしたり、積んである稲ワラに隠れて遊んだ。自然に溶け込んで、他の生きものとともに生きることを体験できた。自然に合わせた伝統的生活を体験した私たちには、まだ近代を相対化できるだろう。しかし、伝統的生活を知らないまま近代的生活スタイルに馴染んできた現代の子どもたちは、近代を相対化できないのではなかろうか。

最近、学校教育で総合的学習が始まったことも手伝って、「農作業をとおして、子どもに生きる力をつけさせたい」「地産地消による学校給食をとおして地域を理解させる」という声を耳にするようになった。しかし、ここで注意しなければならないことがある。農業の近代化を問い直すことなく、子どもに農業の何を伝え、何を体験させようとするのかということである。

なぜ「手植え」や「手刈り」での農業体験が児童の体験学習プログラムに採用されるのか。田植え機や稲刈り機が普及しているにもかかわらず、それはなぜなのか。世間でいうところの前近代的な、「手植えや手刈り」を「教育」することの意味をどう伝えようとしているのか。じつは、そこ

**写真１　山頂近くの井手口池の決壊**
（洲本市五色町深草・淡路島）

**写真２　井手口池から下の４つの池が全部将棋倒しのように決壊**
（洲本市五色町深草・淡路島）

に「近代化」を問う契機があり、伝統的農作業をとおした食農教育や食育の意義が秘められているのではないのか。

ため池や田んぼに接することが、伝統的生活スタイルの体験となる。そのことが近代的な自分たちの生活を相対化し、近代を問うことが可能となるからである。そこに田んぼやため池を訪ね歩く意義があり、同時に生きる力を培う場が開かれると思うからである。

この農業体験によって、「生きる力」を自力で培う方法を考えさせ、近代を相対化し、かつ客観化し、ポストモダンを問いかけるきっかけになるものでないなら、体験学習の意義は半減するだろう。

## 3　森と田んぼは水の供給者

私たちは、河川水や地下水が自然にあるものと思いがちである。しかし、川の上流は森によって水が供給され、下流では田んぼによって水が供給されている。つまり、林業や農業が水をつくり、われわれの生活を守ってきたのである。

林業や農業の外部経済効果を無視してきた近代経済学は、市場の失敗をよそに今になって水や土の環境評価を貨幣換算し、その価値評価のために広義の経済学を狭義の経済学に無理やりはめ込もうとしている。事実、水の値段には、水を守り水を供給してきた農民の労働評価はなされていない。水供給の不払い労働の上に安住している都市生活者を過保護と言わず、環境保全にとって過重な労働を無償で投下してきた農民の側を過保護呼ばわりしてきたのもまた近代経済学であり、現代社会であった。

私たちは、水を供給する装置としての井堰や用水路、そして水田は、これまで永年、先人の血にじむ苦労によって作られ維持されてきた歴史的造営物であること、またそれらは現役で活躍していることを忘れてはならない。にもかかわらず、近代化は、都市化の美名の下に、これら歴史的造営物をたんに古いもの、無用のもの、過去の遺物とばかりに放逐してきた。そのことはまた、農業から労働力と水と土を奪い、農業・農村、ひいては地域社会を潰滅していった。

今、私たちに突きつけられている問題は、これまで伝統的に培われてきた水田稲作や伝統文化の中に近代を超える萌芽を見つけ出し、その芽を育てるべく、新たな地平を拓くことである。この点に関して梅原猛は、近代文明を批判し、「森の文明が地球を豊かにする。……近代文明の原理は、世界の中心は人間であり、自然支配で人間は豊かになれる、ということ。この原理で近代の西欧はやってきた。そういう時代はもう終わった。人間中心主義に問題がある。これを解決しないと問題は片づかない(4)」と述べている。

つまり、近代文明を支えてきた近代的自然観は、まさしく人間中心的自然観であった。一方、稲作が広まった日本では、水が重要で、その水は森が蓄え、その蓄えた同じ水を田んぼが受け入れ、稲作農業を培ってきたというわけである。そして梅原は、続けて「稲作がある限り、森を必ず残す。稲作がある所では人間中心主義は育たない。……森の思想が地球を豊かにする。そういう思想に人類は戻らないといけない(5)」と示唆に富む提言をしている。

## 4 近代の相対化と近代化批判

近代化過程で、農業はたんなる一つの産業部門のように扱われるようになった。にもかかわらず、文部科学省指導のもと「総合的学習プログラム」で工業体験でなく、農業体験に人気が集中するのはなぜだろうか。それは太陽を浴び、水や大地で自由にのびのびと自然を満喫できるからなのか。あるいは、生業ともいえる農業は産業になるには無理があり、生活空間からは遠のき、その珍しさから興味がわいたからなのか。はたまた近代化の味気なさから土にふれてみようと思ったのか。いずれにしても、「近代」の終焉がそこまでやってきたということなのだろうか。

だとすれば、現代社会を生きていく者にとって、近代化の本質を考える力や近代化の欠陥を克服していく力が必要不可欠となるのではなかろうか。そのためには、近代化される前の仕事の体験をとおして近代を相対化する必要がある。ここに農業体験の意味がある。とりわけ有機農業は、従来の伝統的農法を基底に据え、近代化を厳しく問いつめ、対案を出してきた運動である。ここでいう農業体験や有機農業、さらには地産地消や食農教育は、近代化を推進してきた「近代教育」の精神とは無縁である。「総合的学習」にしても「生きる力」を育てるとのことだが、近代を相対化できなければ、時空を越える「生きる力」は育たない。してみれば、真に「生きる力」を育てるのは農業の体験学習の中に潜むということになる。ここに農業体験を教育の原理に据える意義があるのではなかろうか。

もし、この「手植えや手刈り」の農業体験から昔の農作業のつらさを体験させて、機械を使った現代の農作業がずいぶん楽になったことを伝えるのならば、その農業体験学習はやらないほうがいいだろう。

ところで、「食べる行為は農業行為である」とレスター・ブラウンは言っている。このことは、「食は農を前提する」と理解できる。つまり「農なくして食は存在しない」からである。その逆では決してない。この事実を無視して、農の現場を食の流通・加工や消費の側に合わせて、あまりにも人間の都合に合わせ、食の生産がコントロールされるならば、それはやがて農を潰し、食も潰し、そして私たちの身体も潰すことになる。

一方、市場経済が標榜する食べものの安さの追求は、農業生産の基盤だけでなく、労働力の再生産や生命の再生産の基盤も脆弱にし、都市や農村の住民の健康を害し、ひいては都市を支えてきた農業・農村の破壊につながる。それは、第3章で考察したように、市場の失敗ともいえる「限界外部費用」の累積によって、社会的利益の減少をもたらすからである。

この環境破壊は、地域の解体に止まらず、地球的規模での環境破壊を深刻なものにする。わが国の食料自給力は低下しつづけ歴史上まれにみる食料輸入大国となっている。このことは、輸出国農地の地力減退と輸入国の富栄養化を招き、国と国の間での栄養循環の破綻と環境破壊をもたらすことになる。

それはつまるところ、国内の農業基盤を崩壊させ、消費者の食と健康の基盤を危うくする。すなわち、国際食料価格の乱高下を結果し、不安定な消費生活を招くだけでなく、世界的な飢えに拍車をかける。

## 5 「ため池協議会」とポストモダニズム

兵庫県では、「ため池の再生」を目的として、東播磨県民局や三木土地改良事務所が、いなみ野台地の地域住民と一体となって、二〇〇二年度から「いなみ野ため池ミュージアム」の実現を目指して動きはじめた。いなみ野ため池ミュージアム推進実行委員会発行の「ため池　再発見」の呼びかけ文には、以下のように記載してある。

「全国で最も多い約四四〇〇〇のため池がある兵庫県。なかでも東播磨地域は、日本有数のため池密度を誇り、『ため池王国』と称されています。農業用水を確保するためにつくられ、農家のたゆまぬ努力により守られてきた、これらのため池は、美しい自然環境や多彩な伝統文化を育むとともに、地域の温かい絆を深めてきました。しかし、二一世紀を迎えた今日、生活排水の流入やごみ投棄の増加、管理の粗放化など、ため池を取りまく状況は厳しいものがあります。いまに生きる私たちは、ため池の持つ多様な価値と可能性を見つめ直し、地域のかけがえのない財産として次代に引き継ぐ努力をともに続けていく必要があるのではないでしょうか。そこで、『ため池王国・東播磨』では、住民・団体・企業・行政など地域みんなの参画と協働により、ため池やそれを結ぶ水路をはじめとする〝水辺空間〟を核として魅力いっぱいの地域づくりを進める『いなみ野ため池ミュージアム』の実現をめざしています。」(6)

この「いなみ野ため池ミュージアム」構想実現に向けて、兵庫大学経済情報学部も官学協働でこれに参画している。兵庫大学の「ため池研究チーム」(一九九三年スタート)が中心となって、二〇〇二年度から東播磨県民局と協議しながら、大学の授業に地域住民と一緒に「ため池講座」を開設する準備をはじめ、二〇〇三年度、「いなみ野ため池学講座」と称して公開授業を開始した。土地改良区や水利組合の関係者やため池に関心をもつ地域の一般参加者が約七〇名、地元の高校生・

教師一五名、そして兵庫大学生六〇名が出席した。講師は兵庫大学教員七名、学外講師六名であった。

そして、二〇〇四年度も引き続き開講する一方、二〇〇三年度の一般社会人にはステップアップ講座を歴史・管理、景観・灌漑技術などに分野別にグルーピングし、フィールドワークや水利組合関係者・郷土史家への聞き取り調査などを中心に、いわゆるゼミ形式で展開した。二〇〇五年度には、これを「いなみ野ため池塾」へ発展させ、開設した。

一方、ため池を抱える地域では「ため池協議会」を編成し、ため池に関するイベントを土・日・祝日のどこかで行っている。二〇〇七年一一月現在でため池協議会が五八カ所設立されており、ため池に関するイベントが毎年七〇～八〇回も実施されている。

たとえば、「寺田池を語る会」（二〇〇二年結成）では、新在家町内会長や寺田池水利組合委員長、地元小学校のＰＴＡ関係者、そして地元高校生たちが月一度定期的に東加古川農業会館に集まっている。毎回約六〇名前後集まり、ワークショップなどを開き、農業用水として活躍してきた寺田池の多面的活用に関して意見や具体的提案を持ち寄り、寺田池のデザインを模索しているところである。また、寺田池の周囲にある明神の森で、春には花見、夏には夏祭り、秋には観月会を催して地域住民と一緒に楽しい一時をもつ。また、クリーンキャンペーンと称して寺田池や土手のゴミ掃除も協働で行っている。

写真3　寺田池と兵庫大学キャンパス

写真4　寺田池と明神の森

さて、「寺田池を語る会」の活動を具体的に紹介しながら、ため池はただ水を集めるだけでなく、人も鳥も魚も植物も集まり、そこにため池を中心とした地域コミュニティの場が形成され、地域の協働組織が「ため池協議会」としてできあがりつつあることをみてきた。朝夕には、寺田池の土手を毎日散歩する地域住民も増えてきている。

ただ、水辺に親しもうといっても、池遊びに不慣れな子どもがため池にはまって水難事故にでも遭遇すればたいへんなことになる。「ため池協議会」は、こうした管理上の問題においても、東播磨県民局と地元の土地改良区や水利組合と地域住民の協力体制づくりを進めている。

これらの動きは、これまでの市場経済至上主義の中ではみられなかった状況である。寺田池に隣接する明神の森は、最近まで手入れのされていない木々がうっそうと繁り、昼間でも薄暗く、あまり人の入らないところであった。ところがこの同じ場所が、今では地域コミュニティの場となり癒し、憩いの場となっている。一度は市場経済から見放された場所が注目されはじめている。これは逆説的だが、市場メカニズムの欠陥が逆にため池を残し、地域を守ったと考えられる。あるいは、ため池とともに育ち、ため池に深い愛着を宿し、老境に差しかかった世代が、郷土愛を次世代に伝承したいという思いを沸き立たせたのかもしれない。かつての原体験の郷愁や原風景に魅せられ、地域によみがえらせ残していこうとの思いが、地域で守ってきたため池や用水路の再評価や地域コミュニティの再編成などの動きにあらわれているのではなかろうか。

これらの動きの中から、ため池や用水路のもつ外部経済効果を評価し、市場経済を超え、近代を超えたポストモダニズムの雛形をみることができないだろうか。この先、いなみ野ため池ミュージアムに参画する各ため池協議会の地域住民が中心になって、地域に密着した活動を展開しながら、やがて地域と地域とがネットワークで結ばれ、地域の連合体がかたちづくられ、地域を越えた協働組織が編成されるようになると、そこに脱近代、ポストモダニズムの様相を色濃くした、味わい深い地域社会が到来するのではなかろうか。

**註**

(1) サンドラ・ポステル『水不足が世界を脅かす』家の光協会、二〇〇〇、二八四頁
(2) 同上、四一頁
(3) 高橋裕、河田恵昭編『地球環境学7　水循環と流域環境』岩波書店、一九九八、八頁
(4) 梅原猛「森の文明が地球を豊かにする」朝日新聞、二〇〇四年四月三日付
(5) 同上
(6) 「ため池パンフレット」兵庫県三木土地改良事務所農村計画課作成、二〇〇二

# Ⅲ　自然と共に生きる世界

# 第7章　水田の水利用と土地利用

## 1　水の田、水平な田

水田は、文字どおり水の田である。と同時に水平な田でもあった。しかも、ピラミッドや万里の長城などと同様、古代に作られた歴史的造営物であるが、水田だけは現在でも現役として活躍している。つまり、一度作ったら終わりという造営物と違って、水田は、大地にベッタリ張り付いた面を形成し、その面で今でも稲を育て、人間の生きる糧を「再生産」する生きた「食糧倉庫」である。

また水田は、歴史的経過とともに生産性を高めている。いわば水田は「持続可能な経済発展」の模範生である。たとえば、わが国で最初の高度経済成長を遂げたともいわれている江戸初期（一七世紀）から江戸中期（一八世紀）にかけて、農地は一六四万町歩から二九七万町歩へ、石高は一八四三万石から二五八七万石へ、人口はその間、一二〇〇万人から三二〇〇万人にも増加している。当時の経済成長ぶりがうかがえる。

一方、環境問題の視点からいえば、水田は、汚れた水を浄化してきれいな水にして下の田に流し、汚れた空気を吸ってきれいな空気を提供する。水田は、地域社会を活性化するだけでなく、地球環境にやさしく、地球温暖化の防止にも役立つ。これは、水田がまわりの不利益なるものを取り込んで、利益あるものにしてまわりに返すという再生可能な循環システムを有しているからである。いわば、水田は循環型社会の模範生でもある。長年続いている減反に加え、米市場開放圧力の下で、わが国から水田が消えつつあるが、このまま水田を失って大丈夫かとの不安が募る。

さらに、水田は、食糧を提供するだけでなく、河川水や地下水を守り、生活用水の補給にも役立ってきた。水田は、日本のダムが貯水する四—五倍もの水を貯えるほどの保水能力がある。水田がなくなるということは、水道の蛇口をひねっても水が出てこない、トイレを水で洗い流せないという日がやって来ることを意味する。その時に慌てても手遅れである。水は、生活に直結するライフラインであり、文字どおりいのちの生命線である。

## 2　畦と柵

灌漑期に水を貯めるために、水田には畦が設けてある。畦は隣の田との境界でもあるが、決して自分の田を囲い隣人との縁を断ち切るものではない。昔から田植えには「結い」という共同労働がつきものであった。梅雨時に一気に田植えを終えるには、家族の労働だけでは間に合わなかったからである。そのような経緯から定着した「結い」は、村人が生きていくために家と家との間に相互扶助の精神を育んできた。

その精神は、労働慣行だけでなく、水利慣行の面からも育まれてきた。それぞれの田には取水口と排水口があって、田は棚田となっている。中山間地の棚田が階段状になっていることはいうまでもないところだが、平野部の田においても、田と田の間はわずかではあるが必ず高低差が設けられており、上の田から下の田へと水が流れるように仕組んである。この水を守るため用水路の溝浚いやため池の底浚い、さらには土手の草刈などを共同作業で行ってきたのである。

このように、稲を育て米を作るための工夫が、村の中の人と人の関係を自然のリズムに合わせたものにする。ここに、水田稲作にともなう水利用と土地利用がとりもつ村落共同体ができあがる。

村人は、これまで旱魃に備えてため池を築き、洪水に備えて堤防を築いてきた。日照りが続くと、水を我がものにしようと「我田引水」で同じ村の中で水争いが頻発した。一方、他村との水争いの場合は、村内の昨日の敵は今日の味方となって結束し、「我村引水」で他村との水争いのため一致団結したのである。これら「我田引水」や「我村引水」は、水が人間関係をとりもつ深い絆であることを知らしめる証である。

このような、水がとりもつアジアの水田稲作文化は、ヨーロッパの牧畜文化と大いに異なるところである。牧場は、家畜を飼うため柵を築き、他者との関係を絶ち切る。ヨーロッパ近代が、羊を飼うため土地を柵で囲い込み、そこにいた農民を追い出す「共有地の囲い込み運動」によってスタートしたことは経済史の教えるところである。

ここでは、アジアの水田稲作にみられる人間関係はみられない。ヨーロッパの個人主義的考え方のルーツがここにあるのではなかろうか。また、自然を人間の都合で改造する近代的自然観のスタートが見え隠れしている。エンゲルスは『猿が人間になるについての労働の役割』の中で次のように述べている。

「人間は、……自分の目的に奉仕させて、自然を支配するのである。そして、これが人間をその他の動物から区別する最後の本質的な差異であって、この差異を生み出すものは、またしても労働である。けれども、われわれは、われわれ人間が自然にたいして得た勝利のことであまりうぬぼれないようにしよう。このような勝利の一つ一つにたいして、自然はわれわれに報復する。……メソポタミア、ギリシア、小アジアその他で、可耕地を得るために森林を切りはらった人々には、それによってこれらの国々から森林といっしょに水分の集合点と貯水池を奪ってしまい、こうしてこれらの国々の今日の荒廃の土台をつくった[1]」と。

このエンゲルスの論文は一八七六年に書かれているが、一世紀あまり経た今日においても警告の書として読み取れる。また、水利用や土地利用がヨーロッパとは違うわが国において、ヨーロッパの科学技術をベースに欧化政策を進め、見事に変身していった近代化のありようを考える場合、示唆に富む指摘である。

## 3 明治期の近代化

このことは、わが国の欧化政策が、それまでのわが国固有の伝統文化をかなぐり捨てて、単純に「脱亜入欧」の精神でヨーロッパのものまねに徹したということではない。外から入ってきた新しい知識や技術は、内にある伝統文化の知的な枠組みや技に基づいて整序し直さなければならない。

この点に関して一見、江戸期までのわが国固有の技術が明治期の欧化政策によって断絶したかのようにみえるが、果たして、ため池灌漑技術などはどうであろうか。おそらくその技術は、江戸期までの技術を踏まえて、明治以降も各地で応用されていったのではなかろうか。内発的に完成の域に達していた江戸期の灌漑技術に、明治開国以降、外から入ってきたその知識や機械技術を上乗せし、わが国固有の水利用と土地利用に合わせた水田稲作を準備していったのではないかと思われる。

確かにその際、偏りや独断もあったかもしれないが、この過程が重要なのは、外からの知識の理解や技術の手習いをとおして、自己流に整序し直すことである。そのことがほかならぬ伝統文化や技を外へ向けて普遍化させることになるのではないか。固有の文化の普遍化とはそういうことではないだろうか。

このことは、江戸の初期、一七世紀に西日本を中心に新田開発が進み、ため池や用水路が築造され、わが国固有の和算を応用して石垣や井堰が造られ、水利、土木技術が発達した。その技術は、文明開化によって断絶するのではなく、むしろ確実に伝承されていったのではなかろうか。

たとえば、これは後でも述べるが、一八九一年に完成した淡河川《おうごがわ》疏水事業（兵庫県）の最大のイベントともいえる「御坂《みさか》サイフォン」（三木市）にうかがえる。このサイフォンは、イギリスの知識と技術の産物であったが、そこには江戸期まで温めてきたわが国固有の伝統技術が生かされた。サイフォンの原理もすでに江戸期に辰巳用水（金沢市）や通潤橋（熊本県矢部町）などにみられるところであり、生野銀山での採掘技術が「御坂サイフォン」に続く芥子山トンネルを掘る際に大いに生かされたのである。

そして何よりも決定的なことは、いくら優れた知識や技術が外から移植されたとしても、そのままでは通用しないということである。たとえば、ため池や用水路の築造に西欧の技術を導入するとしても、そのモデルはなだらかなスロープを有する丘陵地での畑作や麦の栽培、さらに家畜の飼育を主とするヨーロッパ農業に見習うわけにはいかないということである。その移植は、田を耕し、稲を育て、米を作る知識や技術のために自己流に焼き直してのものであったということである。そこでは、等高線に沿って用水路が築かれていたように、わが国固有の自然を強く意識し、その自然に合わせてヨーロッパの機械技術を導入したといえるだろう。

それは、次の例にもうかがえる。明治近代国家形成期に、欧化政策によって欧米の農法や家畜などを輸入し、零細な日本農業を大規模化し、資本主義的経営を移植しようとした試みがあった。福沢諭吉や井上馨、マックス・フェスカなどの動きである。その一例は、一八九一年に発足した盛岡郊外の小岩井農場にみられる。官収入会地三六二二町の払い下げのもと欧米から機械や牛馬を輸入し、洋式農法で飼料栽培に臨んだ。しかし、火山灰地のため収量が低く、洋式農具も起伏の多い立地条件のため使い物にならないものが多かった。そこで一八九八年から巨大な資金をもつ三菱に経営をまかせ、牧畜業を中心とした大農場に転換し、数少ない「資本家的大農場」へ発展した。あるいは、華族組合農場が大農場に失敗する中、旧徳島藩主が経営した蜂須賀農場は、六二五町の未開地に開墾と牧畜を広げ、「小作制大農場」として発展した。

さらに加えるなら、内務省勧農局がワインの国産化を図るため国営播州葡萄園を建設したのもそ

写真1　国営播州葡萄園の跡地（兵庫県加古郡稲美町印南）

写真2　葡萄園池

の一例といえる。一八七三年の地租改正によって、過酷な地租の重圧に苦しんでいた印南《いんなみ》新村では、初代加古郡長北条直正（一八三六―一九二〇）は身を挺して村人を守るため私財を投げ打って事に当たった。「母里村難恢復史略」に記録されているところである。これはその一環であるが、北条は、難恢復のチャンスとの思いで葡萄園用地として三〇ヘクタールを売却し、地租納入にあてがった。かくして一八八〇年、国営播州葡萄園が開設され、いなみ野台地に新たな雇用をもたらしただけでなく、地価や淡山《たんざん》疏水（淡河川・山田川疏水）事業に好影響を与えた。しかし、この葡萄園は、サンフランシスコからの購入苗に付着していたブドウフィロセキラという害虫の伝播によって被害が広がり、一八八六年にわずか七年の歴史をもって幕を閉じることになった。

このような欧米をモデルとした「資本家的大農場」や「小作制大農場」は一般化せず、多くは一般の小農民の行っている多労多肥と品種改良などによる集約栽培、水田稲作が主流であった。さらに、水田稲作は、水まわりに合わせた土地利用によって土地生産性を高めるアジア的集約農業であった。

したがって、アジア的集約農業は、土地生産性の向上による単位面積当たりの収量の増加が決め手となる。欧米のように機械や家畜などへの資本投下による収益拡大、労働生産性向上という方向は主流にならなかった。また、耕作地主経営の労働力確保も農外雇用の労賃上昇などで困難となり、土地を小作化し、「現物小作料∧金納小作料」の差額収益に依拠するほうにうまみがあるという経済的理由によって、明治三〇年代には寄生地主制が支配的となった。

かくして、地主は小作料の安定的増収を主目的とするようになり、労働生産性の向上という耕作者的な意欲よりは、土地生産性を高めようという寄生地主的欲求へシフトしていった。この具体的方法として、直接的に米増産に効果のあるため池や用排水路などの灌漑事業に以前より増して力を入れていったということである。

## 4　水利用における西欧と日本

さて、ため池の歴史は、開田のための灌漑技術の進歩とともに始まった。しかし、米の増産の必要に応じて発達したため池は、今日、減反や休耕田の増加による水利用の減少とともに減ってきた。また、ポンプアップによって水を汲み上げることが可能になった今日、ため池は以前ほど重宝されるものではなくなった。

しかし、ポンプアップによる水の汲み上げがため池の代替になるというのは間違いである。ため池は農業用水を溜めるためにあるのだが、そのとき忘れてはならない重要なことがある。それは「溜めた水を温かくして田んぼに届ける」ということである。稲は冷害に遭わないように温かい水を欲するのだということが理解できておれば、地下水をポンプアップすることによってため池の必要性はなくなったとの見方が間違いであることは、難なく理解できる。

にもかかわらず、灌漑技術の進歩によって発達したため池が、機械技術の進歩によって今日その存在感が薄れつつある。それはおそらく、自然に合わせて人間の生き方を考えた時代から、人間の都合に合わせて自然を作り変える自然認識にチェンジしたことによるのではなかろうか。

科学知や機械技術は、自然の仕組みや生き物の暮らしのあり方を時には無視して独走することがある。人と自然の関係を人間主導型に転換せしめた近代的自然観の浸透、すなわち、自然に合わせた技術進歩から人間の都合に合わせた技術進歩に変化しはじめたのはいつごろからであろうか?

日本と西欧の違いについて考えてみると、たとえば噴水は水が下から上へ吹き上げられる。これは自然界には起こりえない現象であり、自然に抗った人工美である。これに対し日本では、滝が美しいと映る。自然界でのあるがままの美を楽しむのである。

また西欧では厚い壁で外気を遮断し各部屋をドアできっちり間仕切りした建築であるのに対して、日本では月明かりを障子で影絵のように部屋から観賞できるように、外と内を融合した建築である。このように日本人は、自然を愛し自然と共に生きてきたことが察せられる。

このような比較をしただけでも、その自然認識に西欧と相当の隔たりのあることがわかる。だが、この日本人の自然に合わせた自然観も、時間の経過とともに風化してきた。同じ日本人が、同じ国土の自然条件や気候風土を前提にしながら、何百年何千年と培ってきた伝統的自然認識を捨て、アジア的風土の中にヨーロッパ型自然観を移植し、変身したように見受けられる。

この東西の比較文化に加え、日本国内における歴史的比較、すなわち戦後の高度経済成長期の近代化は、明治期の近代国家形成期のそれと比較してみるとずいぶん違いのあることに気づかされる。それは、それまで培われてきたわが国固有の伝統的・在来技術ともいえる土着的農民技術が、戦後高度経済成長政策の過程で一蹴され、人間を自然に合わせた技術から自然を人間に合わせた技術にギアチェンジしてしまったのである。この歴史的転換は、淡山疏水事業と国営東播用水事業の比較によって明らかになるだろう。

## 5　淡山疏水と東播用水

富山和子は、『水と緑と土』で次のように述べている。

「いま、この社会がかかえているさまざまな問題を考えみるとき、たとえば、団地の緑はなぜ芝生しかならずそれもなぜ立ち入り禁止にしなければならないのかといった些細な問題から、大気と水と土壌の汚染、深刻な水不足や木材資源の枯渇、水害の激化に至るまで、それらのどれ一つを取り上げてみても、そこに潜む現代の自然観、土地利用の論理というものが互いに関連しあう一本の糸として抽出でき、その糸は百年近い昔に源を発していたことに思い至る(2)」

続けて富山は「明治年代のある時期、今日へ向けてのレールが敷かれ、日本人はそのレールの上を最初のうちゆっくりとしかし着実に、そして最近の二十年間は超スピードで突進してきたにちがいなかった。私はこの国土で行われてきた破壊の事業のあとをたどりながら、どこにその誤算があり、誤算はどのようにして生まれたか、その秘密を探っていきたいと思う。おそらくその鍵は川にかくされているはずである」[3]と指摘する。

この富山の指摘は、ため池灌漑にもあてはまる。兵庫県南部のいなみ野台地（東播台地）がそれである。明治・大正期に淡河川と山田川の水を合流させ淡山疏水が完成し、その水をいなみ野台地に多くのため池を経て届くようにした。かくしていなみ野台地は、ため池を土台として兵庫県下で最も広い水田地帯となったのである。

この淡山疏水のポイントは、サイフォン技術にある。これは、淡河川の上流、坂本で堰き止めた水を淡河疏水で流下し、御坂でいったん谷に落とし、志染川《しじみがわ》を眼鏡橋で渡り（**写真3**）、左岸（**写真3**の右側）の高台のいなみ野台地に上げる（**写真4**）。このことをポンプに頼らず、電気エネルギーに頼らずに、自然の落差だけで可能にした。いったん落とした水を台地に上げる技術が、サイフォンの原理を応用した「御坂サイフォン」である。

この技術によって、淡山疏水事業を完成させたのはイギリス人パーマーであった。淡山疏水事業に従事した人びとは、いったん谷に落ちた水が台地へ上がっていくのを目の当たりにし、驚きと歓

**写真3　志染川を左から右に渡る淡河川疏水**
眼鏡橋に鉄管が敷設されている

**写真4　眼鏡橋を渡った水が手前に走り上がる**
**御坂サイフォン**

びで御坂サイフォンの完成を祝った、との記録が残っている。

これによって、いなみ野台地の丘陵地帯は、綿花・イチジク・桑などを主とした畑作地帯から、水田を主とした稲作地帯への転換を可能とした。自然改造のレールが西欧型自然観を移植しながらゆっくりと準備されていったことを物語っている。

そして戦後、高度経済成長を促進するため、一〇年の準備期間を経て、一九七〇年、地元の強い反対を押し切り、この淡山疏水より標高の高い北部に国営東播用水事業が着工され、一九九二年に完工した。ところが、この国営東播用水事業の開始は、米の生産調整・減反政策が始まる時期でありながら、その最中に米の増産を目的として着手された。これにともなう圃場整備には、補助金があてがわれたものの、生産農家は数十万円から数百万円の借金を抱えながらこれに臨んだのである。しかも、この事業が完成した時も依然として減反政策は継続中であり、その借金の返済の原資を米の増産で回収しようと思っても、米が作れなかったのである。農家にとって、借金してまで圃場整備をしたものの、その圃場が使えないという結果を招き、二重の苦渋として重くのしかかった。

この東播用水は、「横の川」といわれる用水路が等高線に沿いながら作られた淡山疏水とは違って、等高線を意識することなく導水を可能にした近代技術の成果ともいえる。それは、篠山川の水を川代ダムに、東条川の水を大河瀬ダムに、そして山田川の水を呑吐ダムにそれぞれ貯めて、その大量の水を川代ダム↓大河瀬ダム↓呑吐ダムへと等高線を気にすることなくトンネル（導水管）で

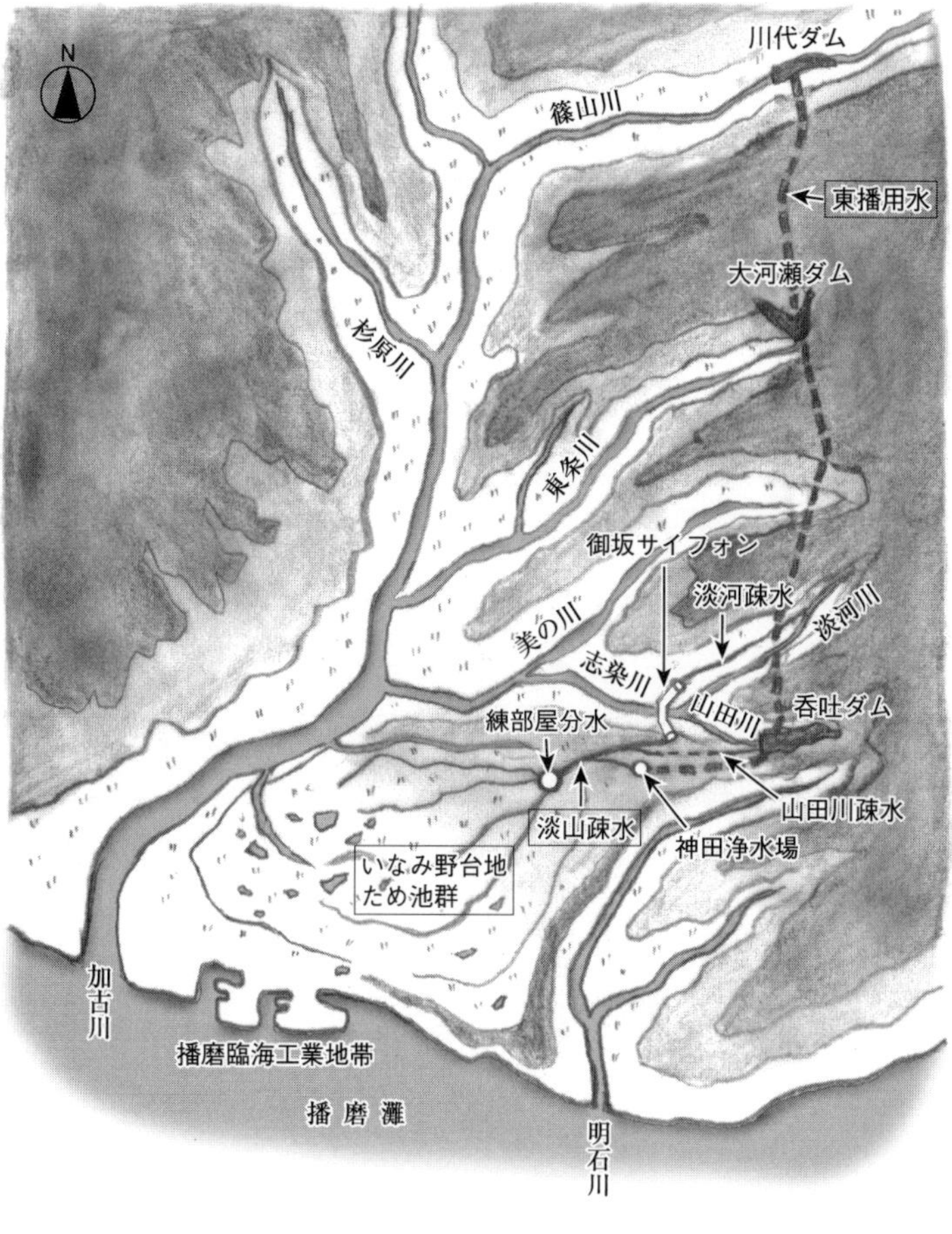


図１　淡山疏水と国営東播用水

貯めつないだ。そして、その流下してきた東播用水の水を、地域住民の血と汗で築き守ってきた淡山疎水の灌漑装置を文字どおり流用し、いなみ野台地に届けたのである。

この国営東播農業用水事業は、人間の都合に合わせた壮大な自然改造計画であったといえる。ここにわが国の自然認識の転換点をみることができる。言い換えれば、近代国家形成期の明治・大正の淡山疎水技術は、等高線を意識し、自然の流れに合わせた水利用・土地利用がうかがえる。図1の左下のいなみの台地のため池群がそれである。ここでは専ら曲線美豊かな用水路が目に入る。一方、戦後の高度経済成長を支えるべく技術革新を駆使した国営東播用水事業は、等高線を気にすることなくトンネルを掘り、パイプラインでつなげた暗渠化された用水路が、高い位置から低い位置へ直線で走っている。図1の右側の太い点線部分がそれである。それは人間の都合に合わせて自然を改造し、スピードアップ、効率アップに象徴される近代国家の到来を宣言する出来事になった。

富山和子は、イギリス人言語学者のチェンバレンが文明開化後の日本を「日本の多くの道路は、高い杉などの並木道となっている。電信がこの国に導入されてからまもなく、日本人は文明と信ずるものに熱心のあまり、これら記念すべき樹木を切り倒しはじめた(4)」と評していることを紹介している。チェンバレンは、こんな時代遅れの並木が傍らに寄りそっているよりも、電柱のほうがずっとりっぱな文明の進歩だと思った日本人の感覚を疑ったのである。

戦前の欧化政策の中で、蛇行していた川を洪水防止のため直線化した近代河川工法や、戦後の農業の近代化のもと曲線の畦道を農業機械の効率を上げるため直線にしていったことなどにも、おそらくチェンバレンは同様の感想を抱いたであろう。

## 6　水利用にみられる伝統と近代の問題

わが国の近代化の骨格は、西欧近代のそれであった。つまり、わが国の近代化は、欧化政策とほぼ同義だといえる。しかし、灌漑技術においては趣を異にする。なぜなら、放牧や畑作に代表される西欧農業に、アジアの水田稲作の必要とする灌漑技術として学ぶものがあったかどうか疑わしいからである。

農業水利の近代化のメリットは、農業経営の合理性と自由度にある。そのためには、伝統的田越し灌漑をあらため、水を自由に操作する水利システムを確立することが必要である。これは、先にもふれたように、戦後の高度経済成長期に一気に進められた用水のポンプアップと農業の機械化を目的とした圃場整備によって実現された。それは、用水の安定的供給システムと三面張りの近代的河川工法に代表されるスピードアップと効率アップの送水・導水装置を用意することとなった。

しかし、さまざまな問題が噴出してきたのも事実である。近代を超える課題を明らかにするため、それらの問題点をここでは八点に絞って指摘しておこう。

第一に、水をめぐって村内では村人同士が敵対するが、他の村との水争いとなると結束する。そこでは、いわば「我田引水」と「我村引水」が入り混じり、二律背反ともいうべき現象がみられた。しかし、農業水利の近代化とともに用水路の管理や修理などの共同作業が不必要となり、次第に共同体意識が薄れ、それとともに利己的・個人的生活スタイルが受容されるようになり、村人の結束は崩れる。

第二に、近代化の進んだ水田は、生産効率を高め、反当たり収量が増大した。その結果、水田面積は減反政策などもからみ減少した。他方、近代化に取り残された水田は、自家飯米用と畑作に縮小し、余剰労働力は農外の兼業労働にあてがわれ兼業農家に転じた。つまり、水田稲作の近代化は、逆に水田を縮小し、農業からの撤退、ないし兼業農家の道を開いた。

第三に、農業水利の近代化は、ため池や用水路が生産機能だけに特化され、水田のもつ多面的機能が失われた。ため池を中心とした心安らぐ景観や地域コミュニティ、用水路やため池での水遊び、魚獲りなどにみられるため池の多面的機能は、地域の豊かな生活文化を担ってきたといえるが、それらの機能が失われた。

第四に、近代的用水路はパイプラインで暗渠をつくり、水はポンプアップを前提とする。これは水循環を遮断し、河川や用水路から流れ込んでいたドジョウやメダカやナマズなどの淡水魚の姿を田んぼから消した。たとえば、兵庫県の県鳥であるコウノトリが絶滅したのは、農薬の使用よりも、主食とするドジョウが用水路の暗渠化によって田んぼから消えたことのほうが決定要因ではなかったか。さらに、用水と排水を分離したために乾田化がすすみ、田んぼに棲息していた水生動植物の生活の場や繁殖の場が奪われ、自然と人間の共生の場が失われていった。

第五に、近代化の体系に欠かせない機械技術は、電気エネルギーや石油が届かなくなったらおしまいである。それは近代的水利技術が、等高線に沿った曲線で代表される伝統的水利にみられる用排水兼用の田越し灌漑技術を駆使した再生可能な循環型水利システムになっていないからである。つまり、直線で代表される近代的水利システムは、パイプラインで光の当たらないトンネルを走って、田んぼに届けられた水が、後は排水路で排水されるだけである。一度田んぼに入った水は、二度と使用されない。この近代的水利システムは、再生不可能な非循環型水利システムといわざるをえない。このような近代的水利技術の問題点を認識しないまま、水利の近代化を推し進めることは危険である。

第六に、近代化された田んぼでの田植え機の導入は、機械植えされる苗の適期が短いため、田植え期間が従来の一カ月前後から一五日前後に短縮された。そのため農業用水の需要が一時期に集中することになり、地域によっては用水不足がしばしば生じることになった。

第七に、伝統的な農業水利が用水の管理や補修を労働負担（自普請）で支え合ってきたのに対し、近代的水利は、それがポンプの電気代や機械の油代にとって代わった。水がとりもつ人間関係の紐帯が水からお金に代わった。人と自然との関係や人と人の間柄が疎遠になってきた。ここにも非市場経済を市場経済に組み込もうとする弊害が、すなわち広義の経済学を狭義の経済学にはめ込むことからの無理があらわれはじめている。

第八に、近代的水利システムは、それまで分権的特性の実体的基盤でもあった伝統的水利システムを崩し、農民の分権意識のよりどころを奪い、彼らの主体性を奪うことになった。それは票田に象徴されるように、農村は日本社会の集権的温床のよりどころとなってしまった。

さて、江戸を基点に明治・大正にその構築を開始した近代国家形成過程での近代化政策が、欧化政策とダブりながら、ゆっくりとした歩みで進んだ。その後、戦後のとくに高度経済成長期以降の近代化は、人間の都合に合わせた自然の改造へ猛スピードで邁進していった。今日、その自然改造を進めた近代工法は、堤防や用水路、あるいは畦道までコンクリートで固めてしまい、水は暗渠のパイプの中に閉じ込めて流し、農業用水はたんなる生産手段に特化してしまった。かくして多面的機能をもつ水と土との有機的結合も分断され、ドジョウやナマズが越冬する場が奪われ、種の絶滅まで脅かされるようになった。その象徴的存在がコウノトリである。

水田稲作を中心に発展してきたわが国の農業にとって、土地利用に不可欠な水利用のあり方が決定的であった。これまで水田は、「水の浪費者」として扱われてきた。だが、水田は地下水や河川水を守る「水の供給者」でもあったのである。農業が水との語らいを、私たちが水との親しみを喪失すればするほど、農業は私たちの日常から隔絶され、農の世界＝生命系の世界から遠のいていく。都市は農村から遊離し、水や食糧のライフラインを制御し、一見便利で豊かな生活が実現しているかのごとくである。

しかしそこでは、果たして生活の安心や安全に不安はないだろうか。また、用水路や畦道がコンクリートで固められ、水田が農薬・化学肥料漬けとなり、健康で安心した生活に不安は生じないであろうか。現代社会は、社会全体が土離れし、土離れのゆくえが気になる時代を迎えている。「残された資源は、いまもなおその守り手達が懸命に守っている土壌だけである。この最後の資源が失われるとき、一〇〇年にもわたってくりひろげられてきた列島改造の巨大な事業も、おのずから終止符を打つだろう。土壌の生産力を失ったとき、いかなる文明もその地から姿を消すしかなかったことは、過去の歴史が証明している」(5)との富山和子の警告ともとれる指摘を書きとめておこう。

**註**

(1) エンゲルス『猿が人間になるについての労働の役割』国民文庫、一九六五、二〇頁
(2) 富山和子『水と緑と土』中公新書、一九七四、七頁
(3) 同上、七―八頁
(4) 同上、七頁
(5) 富山和子『日本の米』中公新書、一九九三、三四頁

# 第8章　自然と土にふれる生活

## 1　自然と土に学ぶ

数年前まで、大学での筆者のゼミナールでは、米作りの体験学習を大学から約三キロ北の兵庫県加古郡稲美町母里地区にある休耕田を学習田の場として利用させてもらい実施していた。学生は当初は、田植えや稲刈りに関心を示さなかったが、一九九四年の米騒ぎを境に興味をもつ学生が増えてきた。

田んぼに素足で初めて入る学生たちは、ヒルが泳いでいるのを見て「恐い」とか「気持ち悪い」と言って、恐る恐る泥の田んぼの中に足を入れる。

**写真1　兵庫大学短期大学部女子学生の田植え風景**
（兵庫県加古郡稲美町）

**写真2　母里小学校児童たちの稲刈り・脱穀体験**
（兵庫県加古郡稲美町）

「一本の苗はやがて分ケツして七本以上の茎が生え、その一本ずつに一〇〇—一五〇粒は実るので、一粒の米から二〇〇〇粒もできるんだ」「これで米一粒のありがたさがわかるだろう」と説明しながら、苗を三、四本つまみ四拍子のリズムで植えていく。「民謡や盆踊りにみられる日本の伝統音楽は、田植えのリズムから生まれたんだ」「後ろ向きにしゃがんで苗を植えるのは、植えた苗がまっすぐになっているのを確かめながら進むためだ」「前に真直ぐ進むためには、後を向いて前に進め」と何やらわけのわからぬ講釈を垂れながらの体験学習である。

最初は、泥が足の指の間をニュルリと通り抜けていく感触を学生たちは気持ち悪いと言っていたが、慣れてくると、「気持ちいい」と言うようになる。

土から学ぶことはバラエティーに富んでいて楽しい。筆者は、大学のキャンパスの片隅にゼミ畑を作っている。一アール程度の家庭菜園の規模であるが。毎年五月の連休に入る前に、ゼミ生と一緒に夏野菜の苗を植える。苗を植える前には畑を耕す。するとミミズやマルムシやムカデなどが出てくる。虫を見て「恐い」という学生がいるかと思えば、その虫を捕まえて「かわいい」と言って喜ぶ学生もいる。愉快な光景である。

このゼミ畑は堕農でやっている。怠けた農業である。草を抜かないのである。毎年春先、新学期を迎える直前に枯れ果てたゼミ畑に火を入れる。焼き畑である。枯れた草は、勢いよく燃え上がる。

そして燃え尽きると畑一面が白い灰で埋まる。真っ白な畑となる。危ないのでそこに水をかけてやる。すると、一瞬にして真っ白な灰が真っ黒に変身する。水を得た魚といわんばかりに、畑がよみがえるのである。冬を越した畑が再び春を迎え、水を得て若返ったのである。

ゼミ畑に生えた草を抜かないで放ったらかしにしておくのは、草は空気中や土壌中から栄養をもらって成長し、やがて枯れて土に帰る。そのとき自ら培った養分を土に返し、自分の子どもである次の世代にその養分を伝える。このことを年々繰り返し土は肥え、豊かな土となる。そこで採れたご馳走を私たち人間がいただき、そして調理実習の際に出た生ゴミを堆肥にしてゼミ畑に返す。循環農業のまねごとである。それはまるで、親の栄養を子がもらい受け次世代に受け継いでいくようにみえる。そこには、栄養の伝達を軸としたいのちの循環ができあがり、人と自然の織りなす生命系の世界が広がる。

そしてまた、食べものは人と人の間だけでなく、人と自然との間も良い関係にする。春に自分の植えた苗がどう育ったかが気になるのか、田植え体験をした学生は秋の稲刈りには必ずやって来る。何も言わなくても、ゼミ畑に植えた野菜に水をやりに来る学生もいる。そして、そこでできたトマトやピーマンを一つ、二つのわずかでも大事にして、自慢げに持って帰る。自分が作ったものだということがとても嬉しいようである。人は誰しも、自然とともに生きて育っている作物を手にすることに深い喜びがあるのかもしれない。

数年前、ヨーロッパを旅したとき、ドイツのミュンヘン市郊外に二、三アール規模の家庭菜園をたくさん見ることができた。クラインガルテン（Klein Garten：滞在型の小さな菜園）という。

一九九一年夏、アメリカの東北部、ニューハンプシャー州にあるCSA（Community Supported Agriculture＝地域社会の支える農業、一九八三年発足）グループのボブ有機農場を訪れた。第3章でも少しふれたが、ここではドイツの教育思想家であるシュタイナーの教えをくみ、近くの消費者がその農場に週末に家族連れでやって来て、農作業を手伝い、できた有機農産物を好きなだけ持って帰るようにしている。その代わり、そこでは、消費者が家庭で出た生ゴミを農場に持参し、畑に堆肥として返しているのである。まさしく「土から得たものは土に返す」循環農法が実践されていた。

ここでは農場が地域の消費者によって支えられ、逆に農場は地域の消費者の健康を支え、同時に地域のコミュニケーションセンターの役割を担うという関係ができている。つまり、家族経営を主体とした農場では、人手不足から農薬依存の農業にならざるをえないが、ここでは地域の消費者グループによって労働力は十分確保され、しかも農作業をしながら家族や知人との健康的な語らいができ、精神的にも肉体的にもリフレッシュできるというわけである。

このように欧米では、自然と土に親しむ暮らしぶりが多様なスタイルで見受けられる。この自然や土に親しむ暮らしは、アジアに住む私たちには、また、別のスタイルが見受けられるのである。

幕末に東アジア調査団の一員として日本を訪れたプロシア（現ドイツ）のマロン博士（Dr. H. Maron）は、「日本の農業を自然力の完全な循環」（eine vollendte Circulation von Naturkräfuten）[1]と高く評価している。それは、日本では人間の胃を通したものまで土に肥やしとして返していたので驚嘆の眼をして見たのであろう。この「土から得たものは土に返す」という徹底した「循環」が、アジア的輪廻思想の農法への応用である。

アジアには「身土不二」という東洋的医学思想がある。「われわれの身体は土と二つではない、一つだ」という教えである。自分の生活している土地でできたものを身体に入れておけば、健康は維持されるという予防医学の思想がそこに見受けられるのである。

マロン博士はその驚きを帰国後、「Annal derpreuss Landwirtschft Jenuarheft」に発表している。さらに博士は、「水洗便所がなくても日本人の生活は十分に清潔だ[2]」と驚いている。ロンドンでは、それまで人糞をテムズ川に捨てていた。悪臭漂う環境を改善するため、一八一〇年代にトイレの水洗化に着手したといわれている。

家族とともに自然や土にふれる生活が、どんなに精神的安定をもたらし、かつ心身ともに健康をもたらしてくれるか、計りしれないだろう。これからは、地産地消をとおして、生産者と消費者の顔の見える関係が深まり、やがて両者の関係が「信頼関係」に転化し、その「信頼関係」を両者の「絆」として、互いの健康と生活を支え合う関係を築くこと、このことが「いのちを大切にする循環型社会の創造」にとってとても重要な役割を演じるであろう。

## 2　田の思想と田越し灌漑

水田は水平な面である。その水平な面は周囲に畦をつくり、水を溜める装置でもある。そのため畦は等高線に沿うことになり、その結果田んぼは、棚田に代表されるように曲線となる。さらに、田んぼに水を届ける用水路も緩やかな傾斜で作る必要から、これも等高線に沿うことになり曲線となる。用水路は、縦に流れる川に対して、横の川といわれるゆえんがここにある。

江戸時代中期には、新田開発に合わせて台地上に用水路が新設されている。新井《しんゆ》用水（一六五六年）、寺田用水（一六五八年）、林崎掘割（一六五八年）、大久保用水（一七〇七年）などの用水路がそれである。

かくして伝統的農村地帯は、田んぼもため池も用水路も、まるみを帯びた豊かな曲線で代表される風景となる。**図1**は、いなみ野台地（兵庫県東播磨地域）の等高線を描いたものである。これにこの台地上の用水路の**図2**を重ね合わせてみると、用水路と等高線がほぼ重なることが確認できる。

さて、その曲線美豊かな水田は、大地に張りついた「再生可能」な水平な水の面である。その面は、土づくりをいとわないかぎり、地力を保持・増進し、稲の生産能力を強化する。縄文時代末期

図1　いなみ野台地の等高線

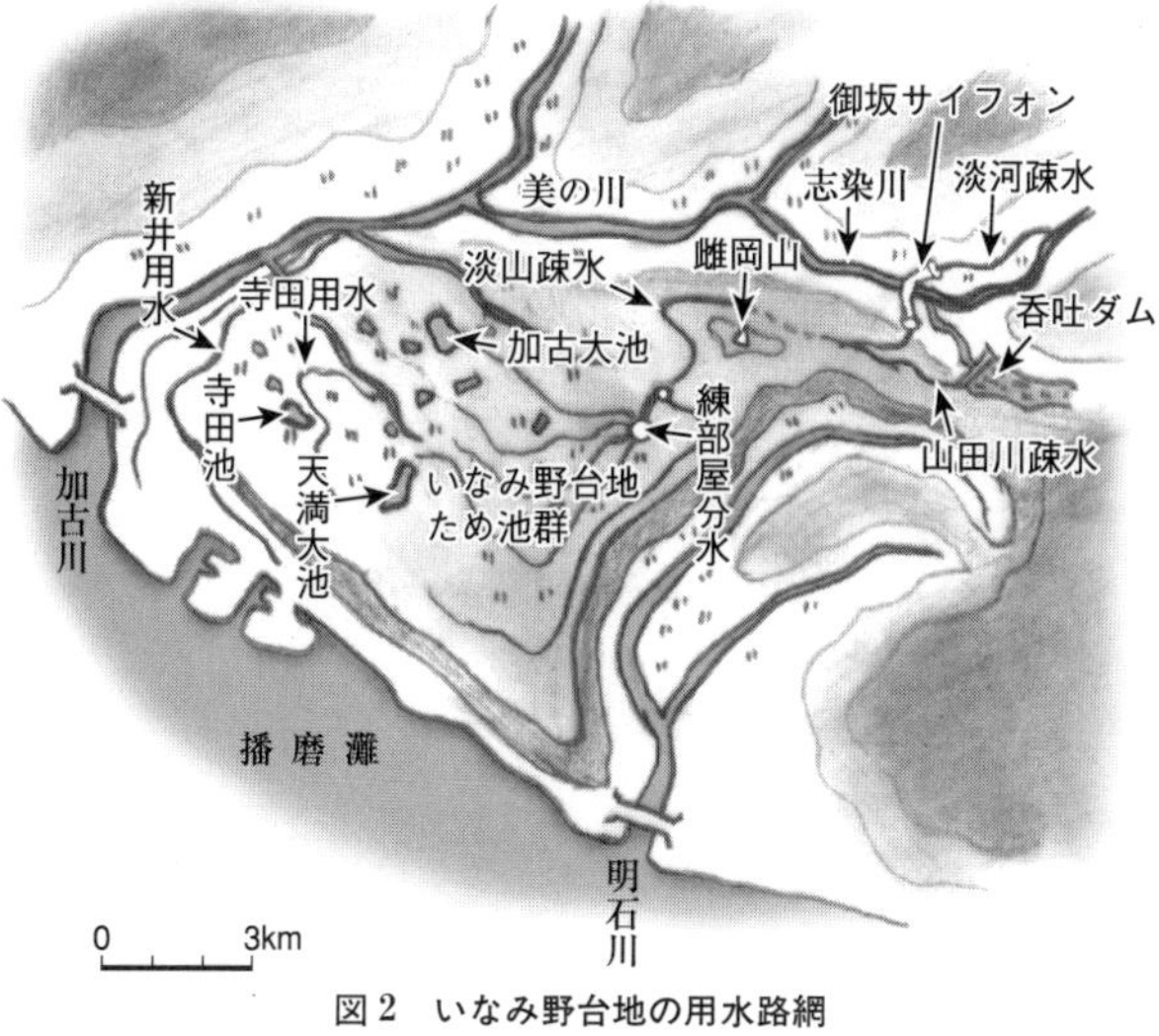


図2　いなみ野台地の用水路網

以来続いてきた米作りは、連作障害が起こらないのである。しかも、その面はわが国全体のダムが貯水する四、五倍の保水能力がある。

再生不能な建造物であるダムは、かつて田中康夫が長野県知事になった直後、ムダだとアピールし、ダム建設工事を途中で止めたことは今でも記憶に新しい。そのイメージがあるせいか、「水田は降水を受け止める治水のダムであり、川の水を生産する利水のダムであり、つまりは多目的ダムだったのである(3)」と表現する富山和子のたとえ方には違和感をもつ。私は、水田はダムというより〝水田はため池である〟と表現したほうがいいと考えている。

日本の農村は、後継者不足や減反政策、米輸入自由化、都市化、「限界集落」など深刻な問題を抱える中で、水田がまた一枚、そしてまた一枚と消えているが、水田が秘める知恵と価値を伝承していくことが重要である。

その米づくりを決定づける水は、上の田んぼから下の田んぼへ流れるようにした用排水兼用田越し灌漑技術のなせる技である。田んぼの水がスムースに田から田へ流れるようにする装置が田んぼの畦と用水路である。**図3**は、わが国の伝統的農業水利（**図3上**）と近代的農業水利（**図3下**）を比較したものである。

伝統的農業水利は、上の田んぼから下の田んぼに直接水を届けていた。これを田越し灌漑という。これでは、豪雨のときに田んぼの土が流されたり、稲が傷んだりするので、田んぼの側面に用水路

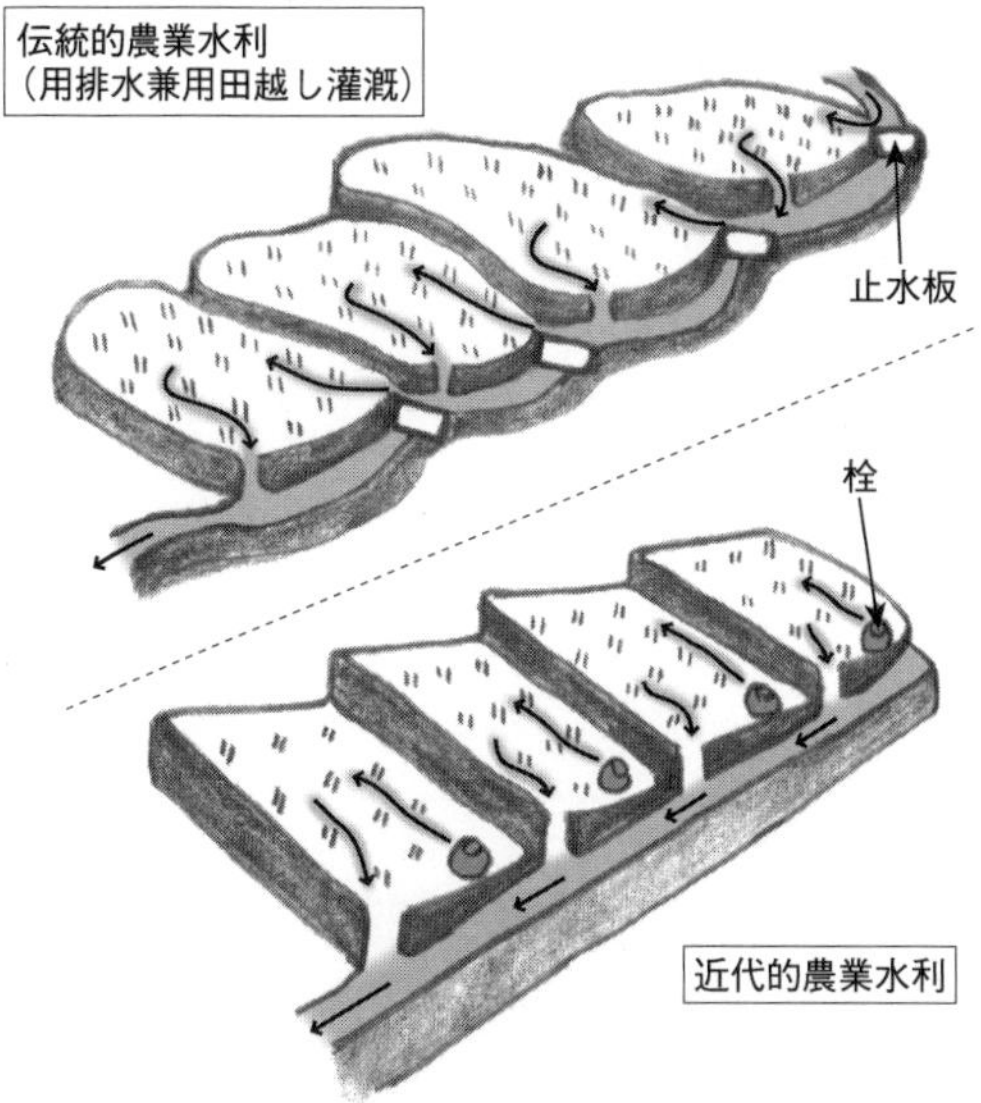


図3　伝統的農業水利（上）と近代的農業水利（下）

を作り、水量の調節・管理ができるようにした。これが、発達した用排水兼用の田越し灌漑である（**図3上**）。一枚の田んぼは、いずれも高所に取水口を低所に排水口を設けてある。取水口付近で用水路を止水板で堰き止め、用水を田んぼに入れる。田んぼ全体に水が浸潤した後、余水が排水口を経て下の田んぼに再利用される。

このようにして改良された用排水兼用田越し灌漑によって水が何度も繰り返して利用される。ここでは、水の循環が見事に演じられている。そして同時に、用水路を経てドジョウやメダカやタニシなどの水生動物が田んぼの中で暮らし、田んぼが賑わう。豊かな生命系の世界が広がる。また、用水路を村ぐるみで守らなければならないことから、共同体意識や相互扶助の精神が宿る。確かにその共同体規制によって個人の自由度は少なく、窮屈な面もある。ただそれは、それだけ村人と水との絆が強いことのあらわれでもある。ここで指摘しておきたいことは、伝統的農業水利は一見不合理でムダがあるかのように見受けられるが、むしろその逆できわめて合理的でムダがなく、環境にもやさしいということである。

一方、近代的農業水利は、用水と排水は完全に分離しており、かつ、用水は地下から汲み上げており、田んぼに浸潤した後の水は排水口から排水路へ捨てられるだけである（図3下）。つまり、ここでは水の再利用＝循環利用はなく、ムダを省くはずの近代技術がむしろ貴重な水資源のムダを増すことになる。

また、近代的農業水利での用水は、暗渠化したパイプラインによって地下から汲み上げられるため、冷水を届けることになるし、小魚や水生昆虫が田んぼに入ることが困難となる。そのため、たとえ地下を潜って田んぼに棲みついても、今度は、用排水の完全分離によって排水が徹底され、田んぼが乾田化するため、越冬できない。

さらに、ポンプのメンテナンスや排水路の掃除などは各農家にまかされるので、水管理についての共同作業がなくなり、近代化の象徴とも言うべき自由と自立の美名のもとに共同体意識や相互扶助の精神は後退する。つまり、農業水利の近代化にともなって、自由と便利を享受する代わりに維持管理のずさんさと経費のアップがとって代わる。このように合理的といわれる近代的農業水利は、きわめて不合理である。水の浪費、すなわち水利用のムダや環境への負荷は否めないのである。

伝統的農業水利＝田越し灌漑は、わが国農業の停滞要因の一つだとの見解がある。上述したような水利慣行にもとづく共同作業が、個別経営の自由を制約してきたとの見解である。しかしこのことは、水田稲作を基本としてきたわが国の農業が、水を得るためにどれだけ苦労してきたかを物語る証として理解すべきだろう。「私」を基本とした土地利用の基礎上に「公」を先行させた水利用が要求され、「公私」の使い分けや「本音と建前」の使い分けなどにみられる言いまわしが、わが国独特の土壌風土をかもし出している。ここが農業水利に縁遠い西欧型農業との決定的相違点である。

このように、水と土がとりもつ水田稲作文化は、ヨーロッパの牧畜文化と大いに異なるところである。牧畜は、家畜を飼うために柵を築き、他者との関係を断ち切る。水のとりもつ人間関係はここにはみられない。個人主義的思考の土壌がここにある。あるいは、自然を人間の都合で改造する近代的自然観がここに見え隠れしている。

これは、今日の環境問題を考える視点だけでなく、水や土地利用の仕方がヨーロッパとは決定的に違うわが国が、西欧の科学技術を土台に欧化政策を進め、見事に変身していったありようを考える場合にも忘れてはならない視点である。

## 註

（１）椎名重明『農学の思想』東京大学出版会、一九七六、二頁
（２）同上、一頁
（３）富山和子『環境問題とは何か』ＰＨＰ新書、二〇〇一、八八頁

# 第9章　ため池再発見

## 1　科学知から「地元知」へ

「何でこんなに広くて浅い池をつくっているのだろう？　狭い日本の国土に無駄ではないのかな。水を溜めたいのだったら深い池にすればいいのに」と、「ため池学」講座に出席した学生は、最初、とまどうようだ。このため池学講座は、兵庫大学経済情報学部が東播磨県民局といなみ野ため池ミュージアム推進協議会と協力して、二〇〇三年度より正規の学部カリキュラムとして開設したものである。一般社会人も地元高校生も受講可能な公開授業なので、地元水利組合関係者の長老たちも聴講する。受ける授業を間違ったのかと思い、教室を一度出た学生もいた。

写真１　いなみ野ため池学講義風景（兵庫大学）

しかし、ため池の役割や価値がわかってくると、学生たちの目の色は変ってくる。地域においても近年、ため池は農業用水としての価値に加え、地域の防災や景観、地域コミュニティの場として注目されはじめた。かつて、雨の少ない年には「分植え」や「犠牲田」で何とか旱魃の被害をしのいできた先人の苦労が、このため池に凝縮されている。兵庫大学が隣接している寺田池は現在、補修工事のため水を抜いていて、干からびた底を見せている。学生たちは「寺田池の工事が始まっているようですが、ため池潰すのですか？　潰してどうするのですか？」と心配そうに訊ねてくれた。最初は「水を溜めている池を学んでどうするのですか？」と言っていた学生たちだったのだが。おそらく、記憶のどこかにため池の情景がしっかり彼らの脳裏に刷り込まれていたのであろう。少し安心もしたが、ため池は潰れてもおかしくないということでもあり、これは重大事だと思い知らされた次第である。

現在、全国でため池は二〇万五〇〇〇ある。そのうち兵庫県が四万四〇〇〇、広島県が二万一〇〇〇、香川県が一万四〇〇〇、そして山口、大阪、岡山、奈良と続く。この西日本七府県で全国のほぼ六〇パーセントを占める。兵庫県が突出して多いのだが、なかでもいなみ野台地には加古大池(四九ヘクタール、甲子園一三個分)や天満大池(三四・六ヘクタール)、寺田池(一八・五ヘクタール)など大きなため池が数多くあり、東播磨地域(明石市・加古川市・高砂市・稲美町・播磨町)はため池密集率(ため池面積÷水田面積)が日本一で、ため池王国といわれている。

いなみ野台地の先人は、ため池とかかわりながら生きてきた。そこで永い時間をかけて鍛錬し、伝承してきた「地元知」(地域の宝物、財産、才能)は、科学の知と区別して理解されなければならないだろう。「地元知」は、現場の知であり、地域の知であって、それは「地域で生きていくために先人の切り拓いた知恵や技」と定義することができる。ため池や用水路に関する知恵や技は、行政にみられる縦割りのものではなく、科学の知にみられる部分に分けた知でもない。いなみ野台地で生きていくために、永い歴史の中で経験し、積み重ねられてきた、地元から学びとった生きるための知恵や技である。領域横断的で地域の知の総合力という特徴をもつ、「もう一つの専門性」=「地元知」と概念化できるのではなかろうか。

科学の知は本質的に不完全なものであり、しばしば地域における環境や慣習の問題を取り上げると、乖離が生じてしまう。科学の知は、科学内部での整合性を重んじるため、限定された範囲でしか有効でない。各要素、部分に分けて説明するので、総合的で現実的な問題は苦手であるといえる。その科学の知に対して地域の知、「地元知」はどうであろうか。この点について、いなみ野台地にはなぜこんなにため池が多いのか、との問いかけから具体的に考察してみよう。

先ず第一に考えられるのは、雨の少ない瀬戸内式気候であるということ。年間平均降水量は一〇〇〇―一二〇〇ミリ程度で、全国平均の約半分である。いなみ野台地の南部（東播磨南部地区）では九三一ミリと極端に少ない地域もある。

第二に、この気候的要因に加えて、台地という地形的要因が重なっている。いなみ野台地は、東は明石川、西は加古川まで東西約二〇キロ、北は東から西に向けて志染川・美嚢川《みのうがわ》が流れており、やがて加古川に合流し、南下している。そこから播磨灘まで南北約一五キロにおよび、北東から南西に緩やかに傾斜（標高一四〇―二〇メートル）している台地である。つまり、周囲の低い河川の中に浮かぶ台地、陸の孤島のような地形を呈している。わずかばかりの天水を一滴も無駄にしないようにとの思いでため池をつくり、いわば〝いのちの水〟を〝溜めて〟きたのである。このため池に向けて降雨時にできる毛細血管のような細い雨水の流れを、この地域では「流」と呼んでいる。

**図1**の「↓」が「流」である。わずかではあるが、降った雨水を台地の表面をなめるように潤す一滴の水を低地に築造したため池に溜めてきたのである。

写真２　寺田池と兵庫大学

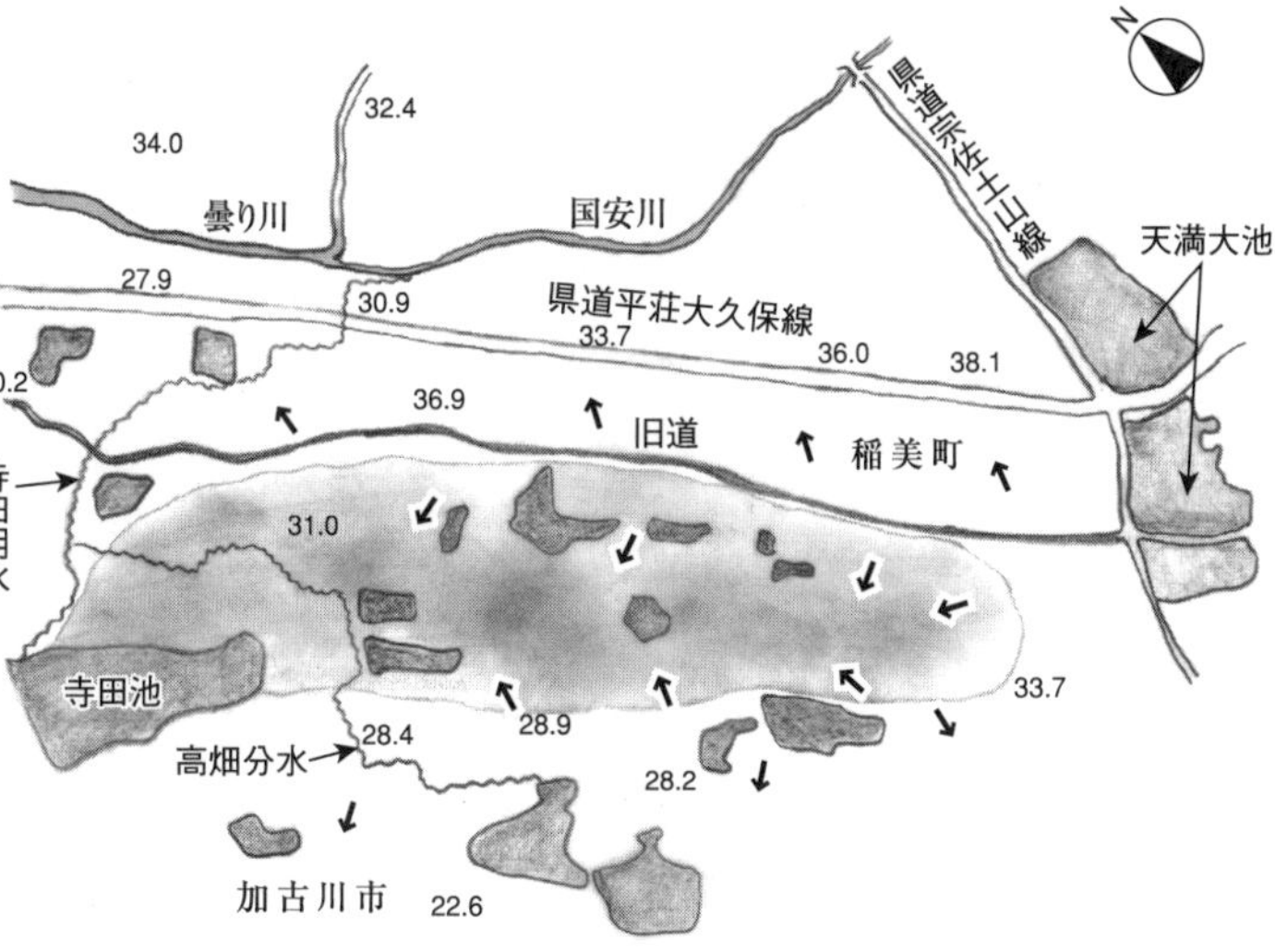


図１　寺田池に集まる「流」(図中矢印)

いなみ野台地にため池が多い第三の要因は、歴史的・経済的要因である。一八六八年に明治維新を迎え、わが国の本格的近代化が始まった。文明開化とともに安い外国綿の輸入圧力に加え、高額な地租の徴収が強要された。旱魃に苦しんできたいなみ野台地では、貧民流離し、村の頽廃が続発した。この三重苦のなかで、地租の捻出、借財捻出のために、時に藁を食べながら昼夜働き詰め、「一年を七二〇日働く」[(1)]というたとえ話が流布するほどの極限状態が続いた。

この窮状を打開するために、台地に水を届け、畑作から稲作のための開田を進めることが唯一の救済策となった。こうして明治中期から大正初期にかけて、淡山疏水を完成させ、いなみ野台地のため池群に豊富な水を届け、水田を広げ、台地全体の活力がよみがえったのである。

以上のように、①気候的要因、②地形的要因、③歴史・経済的要因から、いなみ野台地にため池が多く作られた根拠を科学的に了解することができる。また、次にQ&A形式で、ため池に対する素朴な疑問に答えるかたちで、地域に根ざした「地元知」のありようを調べてみる。

Q1　寺田池はとても広いが、あのように広くしなくても、水が欲しいのであれば、ため池の底を深く掘ったら水がいっぱい溜まるのではないか？

A1　ため池の水は、池の底より少し低い田んぼに水を入れるために溜めた水である。ポンプが使えるようになったのはため池ができてずっと後になってからのこと。いなみ野台地では、日露戦争祝勝記念に造った万歳池（一九〇五年）に初めてポンプが登場した。ポンプのない時代には、ため池の底を深く掘って水を大量に溜めたとしても何の役にも立たなかった。

Q2　でも今はポンプが使えるので、田んぼの水は、必要なら地下水をポンプで汲み上げれば十分ではないのか？　だからため池は、もうなくてもいいのではないか？

A2　田んぼへ入れる水は、単純に水を届ければ事足りるわけではない。三二度ぐらいに上昇した暖水が稲に適している。だから、水をいったんため池に溜めて、太陽光線にさらすことが必要である。ため池の水はつねに表面に近い水を利用するため、上樋、中樋、底樋と上から順に開けて、田んぼに流す。そういうわけで、冷害を防ぐためにも冷たい地下水ではダメだということになる。兵庫県のため池の水でできた米は格別おいしい。酒米として知られている「山田錦」もいなみ野台地のため池の水が養い水となってできた米である。

Q3　田んぼは少なくなってきたのだから、ため池も減らしていいのではないか？

A3　もっともな疑問だ。しかし結論を急いでは危険だ。どうして田んぼが減ったのか、また逆に、田んぼやため池がなくなったらどうなるのか？　これまで以上に輸入食糧が増え、自給率が下がって私たちの胃袋は大丈夫だろうか？　このような問いかけから、食の安全・安心の問題や環境問題やフードマイレージ問題等へ発展していくことが大切だ。私たちが一日食べるごはんを茶碗一杯分増やせば減反は解消され、ため池もよみがえるのだが。

ため池学では、問いに答える前に、問いを発見することが重要である。現場を歩いて、地域を観察してはじめて発見できる問いである。そしてその問いかけや発見から身につく「地元知」は、歴史的時間をかけて経験的・土着的にその地から学びとった知恵や技、領域横断的で全体的な地域の知の総合力、すなわち、生きる力につながるものである。

現場から学ぶ、地域で学ぶ、ため池で学ぶ。この立ち位置が、学を現場、地域から立ち上げる。ここにボトムアップの学としての「いなみ野ため池学講座」の存在価値がある。現場の知、地域の知からため池を「地元知」として学ぶ中で、「地域の教育力」や「地域で生きる力」とその知恵と技が伝承され、鍛錬される。

## 2 「地元知」とため池技術

先に第8章の図2で見たように、台地上の各用水路は、等高線にほぼ沿ってつくられているのがわかった。なかでも図2の下部(野口台地)を走る新井用水は、加古川大堰から取水し、標高一〇メートルから五メートルの落差を利用し、東南に約一四キロ走らせているきわめて緩やかな勾配の水路である。そのため随所に工夫が凝らしてある。

たとえば、ほぼ中間点の峠池から細池にかけて水路がほぼ直角に曲っている。この付近の勾配は

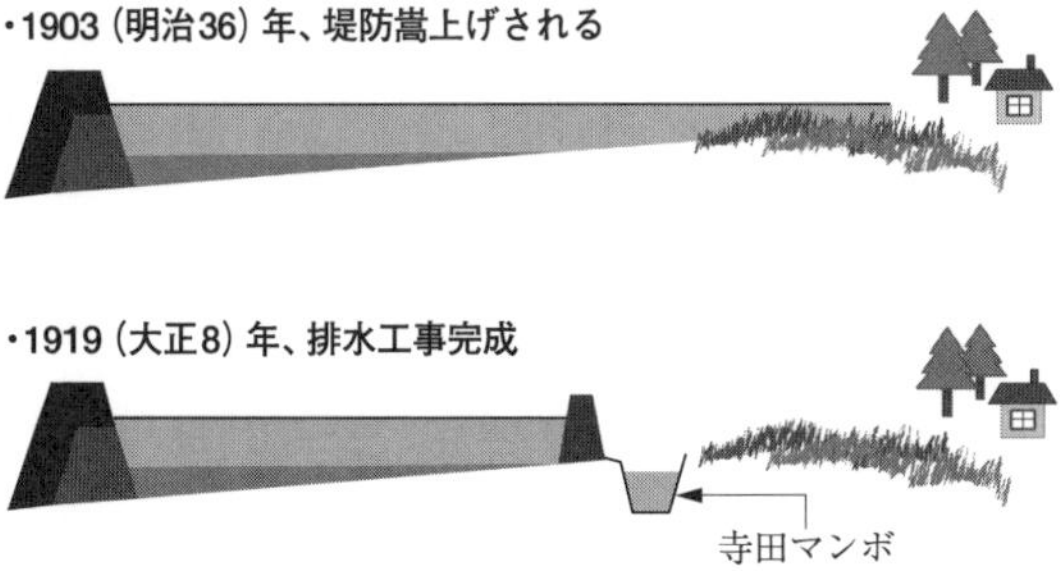


図2　寺田池土手の嵩上げと排水工事

写真3　寺田マンボの立坑（兵庫大学構内）

一／三〇〇〇から一／四〇〇〇ともいわれているが、水路を直角にすることによって水の盛り上がりが期待できる。その盛り上がりによって下流部に水が流下するというわけである。あるいは、また、用水路の幅を少し狭くすることによって水の盛り上がりをつくり、押し水の勢いで流し落とす工夫もある。

そして、新井用水の末端部分で、水路は喜瀬川と交差しているのだが、ここでは埋樋《うずみび》（逆Vサイフォン式暗渠）によって喜瀬川の底に三八メートルの樋を埋めて送水している。樋の入口よりも出口を少し低くすることによって、位置エネルギーが運動エネルギーに変わり、その流速でいったん流下した水が上がるのである。このような知恵が江戸時代にすでに応用されているのである。

**図2**を見てほしい。一九〇三年、貯水量を増やすために寺田池の西側（図の左側）の土手を嵩上げした。しかし、そのことによって水嵩が増え、寺田池の東側（図の右側）に位置する寺田集落の田んぼが湿田化する。これを防ぐために低い土手を築いた結果、今度はその土手が堰となって、東側から流下する水が溜まり、そこに位置する寺田集落の田んぼが湿田化してしまった。

この溜まった水を排水するために、兵庫大学のキャンパスの下に素掘りのトンネル（横井戸）を約一五〇メートル掘って、湿田化を回避している。このトンネルのことを「寺田マンボ」と地元では呼んでいる。**写真3**は、兵庫大学キャンパス内の一番高い位置で、かつ、マンボのほぼ真ん中に位置する場所に作られた立坑の蓋をとって、上からのぞいて撮影したものである。今でもわずかだが水が流れている。これも現場から編み出された先人の知恵の結晶である。「地元知」と呼ぶにふさわしい例がここにもみられる。

この寺田集落の湿田化も科学知の想定外の問題であった。このように現場で直面する難問に対して、先人は知恵を絞り、解決の道を考え、解決の技を磨き対処してきたわけである。その現場の知、地元の知の歴史的積み重ねによって生まれた偉大な地域の知の財産、技、知恵を「地元知」として後世に残すことはとても意義深いのである。

地域で生きてきた人びとの叡智を生きる力として総合的に学びとっていくこと、これを〝ため池・用水路〟に潜む「地元知」と考え、ため池学をとおしてそれらの知を再発見すること、ここに「地元知」としてのため池学固有の学的存在価値がある。

## 3　ため池の危機管理と地域の教育力

驚いたことに、かつていなみ野台地ではあちこちのため池で、大人が子どもをため池にわざと突き落としたそうである。ため池がいっぱいあるこの地域では、子どもがいつ何時ため池にはまって水難事故に遭ってもおかしくない環境にある。そのため大人たちは、子どもがため池に落ちても自力ではい上がれるよう〝泳ぐ力〟をつけるためにそうしたのである。いささか乱暴ではあるが、地域で生きる力を訓練してきたというわけである。もちろん、いきなり大きい池では危険だから、小さな池から中ぐらいの池、そして大きい池へと順に訓練した。

ところが、最近は、いなみ野台地のため池を歩いていると、「ため池で遊ぶな！」「危ない！ため池に近寄るな！」との立て看板が目に入る。確かに、水難事故などの責任問題から立て看板は必要なのかもしれないが、これは下手をすると、危険をより危険にするのではなかろうか。この事例から、何が危険なのかをあらためて考えさせられる。つまり、つい最近までは、ため池に落ちることを前提にして〝泳ぐ力〟を訓練してきたが、今は、ため池に落ちないことを前提にした危機管理に変わってきた。どちらが、身の丈の危機管理としてふさわしいか考えさせられるところである。

近年の都市化とともに、ため池は汚れ、ため池で泳ぐこともできなくなり、ため池で泳いで育った大人も減り、ため池が暮らしの中から遠のいてしまった。そうした状況下で、先述したように、ため池での水難事故を未然に防ぐための看板を立てて、ため池に子どもが近付かないようにしている。ため池への転落防止は最も重要な危機管理であるが、ネガティブキャンペーンで事をすます事故防止は、危機管理になるどころか逆に危険を増長していないか。なぜなら、危険であることを自覚できないまま大きくなることは最も危険だからである。

その象徴が、寺田村に一九六〇年代半ばごろまで残っていた子どもの大人への通過儀礼である。**写真4**は、その当時の寺田池である。写真右側の寺田村から寺田池を西に向けて泳ぐ。片道七五〇

**写真4　かつての寺田池**
点線が遊泳コース（往復約1500m）

メートル、往復一五〇〇メートルである。この距離を自力で泳いで寺田池を泳ぎ切ったら村で晴れて大人の仲間入りができるしきたりである。このことから、地域で生きる教材として生かされてきた寺田池は、地産地消による地域の教育力の養成場であったといえないだろうか。

地域で生きる力の伝承には、身の丈の危機管理のワザが不可欠である。ハイテクノロジーよりもロウテクノロジーの再発見とそのワザを修得すること、ここにため池の危機管理と地域の教育力を養成する意味がある。

一九六〇年代の高度経済成長期を境にして、ロウテクや地域で生きる力が一気に失せていった。それは、工業製品の大量輸出の見返りに農産物の大量輸入を結果し、「身土不二」を否定し、地産地消の灯が消えていったのと時を同じくしているのである。

通過儀礼や地域のしきたりも含めて、これまでどの地域においても、その地域の特色に合わせて培われてきた慣習や伝統を伝承することによって、地域で生きる力が訓練されてきたと思われる。これが伝統的に培われてきた地域における「教育力」である。

いなみ野台地では今、いなみ野ため池協議会を推進力として、ため池の維持・管理を地域住民と協力して進めていこうという運動が始まっている。地域の再生に止まらず、地域の教育力回復・向上もこのため池運営協議会に期待したいところである。

この東播磨地域は、全国に誇るため池を中心とした水辺環境を有している。しかし、その根底には、水を渇望した先人の血のにじむ並々ならぬ苦労があり、その成果物である「ため池灌漑」が、今も地域の生きた財産として残されている。これは、今後起こるであろう水飢饉に対する危機管理システムを有している。それだけに、いなみ野台地のため池や水路は、〝生きた世界遺産〟として世界にアピールする価値がある。

私たちは、天からの恵みの水を溜めてくれるため池に感謝すると同時に、そのため池の扱いを間違うと恵みの水が凶器になることも知っておかねばならない。近年、大型台風による水害や幼児のため池での水難事故が相次いでいる。

昔から守ってきたため池灌漑システムや地域の伝統・文化・歴史・景観、そして水利技術など、忘れかけている先人の知恵や技を今後どのように維持管理し、次の世代にどう伝えていけばいいのか。これは地域で生きる力の伝承である。

ため池学では、いきなり農業用水の役割を担ってきたということから始めない。現代は、ため池の価値が多様化してきている。まず、身近に目につくため池が何のためにあるのか、といった素朴な疑問から始める。そこから密接にかかわってきた「ため池と暮らし」に気がつき、次第に伝統文化や景観・歴史・水利技術、防災のための危機管理などに学的興味がそそられていき、地域から問題を発見し、問いを学ぶ＝学問へのモチベーションが高まっていく。

講座終了後の学生のレポートには、自覚的に学ぶこと、発見する喜びが語られている。自分の住んでいる家の近くのため池や水路の調査、ため池の歴史・景観・生き物などについて、さまざまな報告をしてくれる。なかには、祖父にわが家の田んぼに水を入れるやり方を聞いて、用水路の工夫に感心したというレポートもあった。

いなみ野ため池学は、体系化された上から落とすトップダウンの学問ではなく、地域の人びとが集まって、その土地から立ち上げていくボトムアップの地域の「生きた学」である。それゆえ授業を公開し、地域の大先輩と机を並べて共に学習する。地域で生きる学としてのため池学、科学知ではなく「地元知」を学ぶ。このことからいなみ野ため池学は、地産地消の学ともいえるだろう。

## 4　ため池の復活

洪水対策を主とする近代河川は、「水を排除する」思想の産物であったといえる。これに対し、渇水対策を主とするため池は、「水を集める」思想に基づいている。ただ水を集めるだけではない。池に水があるから鳥も魚も植物も集まり、朝夕には、ため池の畔を散歩する人びとも集まってくる。そこに、ため池を中心とした地域コミュニティの場が形成される。ため池は今、「里池」として生活の憩いの場として認識されはじめているのである。

二〇〇七年春、ため池の維持・管理に向けて、六〇あまりのため池協議会が一体となって、地元の作家、玉岡かおるを会長（著者は副会長）として、「いなみ野ため池ミュージアム運営協議会」が設立された。

いなみ野台地は、一〇〇〇以上のため池が現存し、稲美町では、現在六〇三のため池が健在である。このため池群は、血管のように張りめぐらされた水路網によって結ばれており、水利だけでなく、安全で安心な地域の暮らしにも寄与してきたことがわかってきた。

現在、世界は水不足の心配が次第に現実味をおびてきている。黄河の断流や砂漠化が進行中である。二〇世紀の後半は第三の武器＝食糧であった。食糧問題が解決しないいまま、二一世紀は第四の武器＝水の世紀を迎えている。「21世紀のキーワードは『水』(2)」である。その水不足・渇きの問題に対し、いなみ野台地に先人がもたらした「ため池灌漑技術」は、生きた遺産として今後もその活躍が期待される。ため池とつながっている水田稲作は、水を溜め、生きる糧を生産し、世界の飢えを救い、かつ$CO_2$を吸収する。水と田んぼとため池は、地域で生きる力を活性化し、同時に今、世界中を悩ましている地球温暖化も防止することを忘れないでおこう。

一九六〇年代の高度経済成長期を境に、東播磨地域においても工業化・都市化の波の中で、人口が急増し、その一方で、ため池や水田が激減した。とくに、加古川市平岡町の人口は、戦後、ほぼ六〇〇〇人台を推移していたが、一九六〇年代〜一九九〇年代の三〇年間で約四万人も急増している（**グラフ1**）。平岡町は、加古川市では、加古川市中心部の加古川町に次いで二番目に多くの人口を抱える住宅街である。加古川町は、一九六〇年には二万六九七〇人と市内では飛びぬけて人口が集中していた。ところが、都市化とともに平岡町の人口が加古川町に迫り、二〇〇六年には、加古川町の五万八五二五人に対して、平岡町では五万九八五五人となっており、ほぼ均衡している。

一方、**表1**からは、平岡町に現存しているため池が、一九六三年から一九九四年の約三〇年間で三四から一三に激減していることがわかる。自然のリズムで生きる一次産業は、「成長の経済学」がモットーとする「スピード」や「効率」などの人工物にはなじみにくいのであるが、このことを無視して地域社会が激変していったことがうかがえよう。それ以来、二次産業や三次産業の土台で

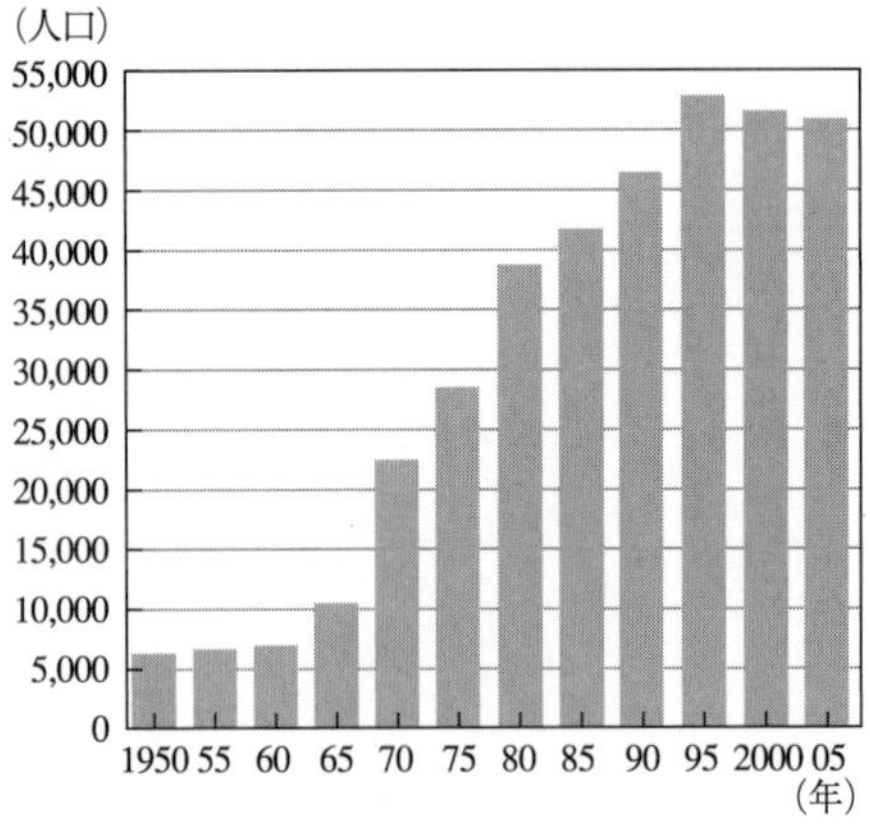


グラフ1　加古川市平岡町の人口の推移（1950〜2005年）

表1　加古川市内の現存ため池数と廃止ため池数(1963〜94年)

| 町名 | 現存ため池数 | 廃止ため池数 | 廃止されたため池の利用状況 | | | |
|---|---|---|---|---|---|---|
| | | | 工場用地 | 住宅用地 | 公共用地 | その他 |
| 志方 | 170 | 28 | | | 21 | 7 |
| 平荘 | 40 | 3 | | | 3 | |
| 上荘 | 37 | 8 | | | 7 | 1 |
| 西神吉 | 13 | 4 | | | 3 | 1 |
| 東神吉 | 4 | 4 | | | 2 | 1 |
| 八幡 | 21 | 3 | 1 | | 1 | 1 |
| 神野 | 24 | 7 | | | 5 | 2 |
| 野口 | 16 | 21 | | 2 | 11 (学2) | 8 |
| 平岡 | 13 | 21 | 4 | | 12 (学3) | 5 |
| 別府 | 2 | 2 | | | 2 | |
| 計 | 340 | 100 | 5 | 2 | 67 | 26 |

注：公共用地には学校、公園、県市道等が含まれる。(学) 学校用地廃止ため池数は、1963〜94年の期間である。

ある一次産業が斜陽化し、地域や農業は曲がり角を迎え、ため池や用水路は忘れられようとしていた。

しかし、時代は変わってきた。寺田池や明神の森は最近まで木々がうっそうと繁り、昼間でも薄暗く、あまり人の行かないところであった。ところが皮肉なことに、この同じ場所が、今では、地域コミュニティの場となり癒しや憩いの場となっている。一度は「成長の経済学」から見放された同じ場所が注目されはじめている。市場経済から取り残されることによって、ため池が守られてきたとの逆説がここでも成り立つ。

ところで競争的な市場の下では、企業は利潤を追求し、製造過程で$CO_2$という副産物をまき散らし、地球温暖化を引き起こしても、これは市場の外部費用＝外部不経済の問題として企業会計の対象にされてこなかった。「成長の経済学」の行き着く先は、「市場の失敗」や「コモンズの悲劇」を招き、本書で何度もふれたように「前向きの大敗走」を走り続けたのである。

これからは、公害や自然・環境破壊などにみられる外部不経済を「環境会計」として組み込み、市場経済の内部化を計り、社会的利益と不利益との相殺を極小化する必要がある。他方で、田んぼやため池や水路にみられる環境にやさしい価値を外部経済効果として評価し、社会的利益の極大化に転化することが重要である。ため池学講座でも、ため池のもつ外部経済効果を地域の生活になじんだ〝里池〟として評価しようという提言が生まれている。

江戸時代、河川・用水路・ため池・道路・橋などの維持管理は村の負担になり、これを継続させたのが「自普請」であった。それは村総出の共同もしくは共同労働でまかなわれた。ここ寺田池でも、数十年前、地域の小学校の呼びかけで、毎年夏休みの一日を親子で寺田池・明神の森の草刈りをする行事があった。親子と地域の交流に重点が置かれていたのであろうが、これも、かつての「自普請」のなごりともいえるだろう。

これから先、私たちは、ため池の維持管理の大切さが理解できても、ため池の何をどう維持管理していけばいいのか。ため池が農業用水として地域の経済行為に直結していた時代は、その維持・管理の主体も目的もはっきりしていた。しかし、今日、ため池のもつ多面的価値の享受は不特定多数であるが、その維持・管理は特定少数の農家である。

そのためにも、歴史的に蓄積された「ため池の遺産」を「生きた資産」として活用し、ため池協議会を地域社会で認知し、早急にため池の維持管理と運営方法を確立し、「いなみ野ため池ミュージアム」を「地域の宝物」として後世に残し、地域の活性化に寄与していくことこそが、関係者の責務となっている。

だがよく考えてみよう。その責務はきわめて重い。ため池で溜める水は、農業用水としてなくてはならない「いのちの水」であった。同時にそれは、どの地域にあってもそこで生きる人びとは、その水をその地域の水系から得るしかない。毎日の飲み水はもとより、風呂水や洗濯用水を遠くから運んできて得られるのか。かくして、水は地域分散型資源であることがわかる。その貴重な水をため池は溜めてきたという事実を私たちは忘れてはならない。そしてなによりも、水は地産地消の原点ではないか、ということを強調しておく。

**註**

（1）小野晴彦『赤い土』神戸新聞総合出版センター、一九九二、三三〇頁

（2）サンドラ・ポステル『水不足が世界を脅かす』福岡克也監訳、家の光協会、二〇〇〇、一頁

# 終章　再び、生命系の世界からみた環境と経済

## 1　生態系と調和した環境経済学に向けて

現代の経済は、生態学の法則を市場経済に反映しないで運営されてきた。そのため市場経済は、財貨とサービスの全コストを反映しない。第3章で述べたように、作ることによって壊れるものについての生態学的コストは、外部不経済として排除されてきた。その結果、地球の生態系と調和しないゆがんだ経済が築かれてしまった。それは、市場経済が地球の生態系を支える自然維持システムを認識することなく「前向きの大敗走」を重ねてきた結果である。その根拠は、「市場が吐き出す$CO_2$の排出量」>「自然が吸収する$CO_2$の吸収能力」の格差が拡大していることや、人為起源

の温室効果ガス（化石燃料）がかかわっていることに注意を払ってこなかったことにある。

　今日の地球温暖化による気温上昇や南極・北極の氷の融解、海面上昇は、化石燃料から生態系を維持可能とするエネルギーへの転換が急務であることを知らせるイエロー・シグナルである。持続可能な経済は、将来世代がニーズを満たすことを阻害することなく、現世代のニーズを満たす経済のことである。したがって、持続可能な経済を支える再生可能なエネルギーへの転換は、今を生きるわれわれの責務である。

　その持続可能な経済は、農地、水、漁場、森林、放牧地の維持可能収量の範囲内の活動を守る。いうまでもなく耕地の地力や森林再生能力や漁獲量が維持可能収量を超えないかぎり、それらを維持できる。この維持によって自然の循環が守られ生命も維持される。しかし、資本主義的市場経済の要求が地球の自然システムと衝突し、自然の維持許容量の限界点を超えつつある今日にあって、私たちは今、自然の深い懐によって永年守られてきた維持可能な経済を破壊し、破局への道を邁進しているのではなかろうか。

　経済が地球の自然システムと衝突している具体的証拠として、漁場の崩壊、森林減少、土壌浸食、放牧地の劣化、砂漠化、二酸化炭素濃度の上昇、地下水位の低下、気温上昇、より破壊的な暴風雨、氷河の融解、さんご礁の死滅、生物種の消失などが掲げられる。これら経済と地球生態系との間に今後ますます強いストレスが加わり、これらのストレスは生態学的赤字をもたらし、結果的に膨大な経済的損失とともに社会の衰退を導きかねない。したがって、一刻も早く、今日の環境破壊的な経済を持続可能な経済に変えるために、経済的概念のコペルニクス的転回が必要である。つまり、経済は地球の生態系の一部であり、それと調和するように再構築されないかぎり、持続可能な経済発展は望めないということである。

このような環境と経済の動向には、次の二つの潮流がある。一つは、現在の資本主義的市場経済を前提し、市場経済の欠陥を市場メカニズムで修正していく潮流である。しかしこれには、次のような無理がある。たとえば、公害や環境破壊に対してその防止や損害賠償にかかる費用を外部費用としてあらかじめ貨幣換算し、これを個々の企業の環境会計として内部化し、市場メカニズムで対応しようとするが、果たしてその貨幣換算が妥当かどうかの検証は至難の業である。元来、それら人的被害や自然破壊は不可逆的なものであり、貨幣換算できないものを費用化すること自体に無理があろう。

また、伝統的な農業水利が、用水の管理や補修を共同作業（自普請）で支え合ってきたのに対し、近代的水利は、それがポンプ代にとって代わった。水がとりもつ人間関係の紐帯が水からお金に変わった。人と自然との関係や人と人の間が疎遠になってきた。市場メカニズムでもって、人間関係の豊かさを貨幣換算できるのだろうか。非市場経済を市場経済に組み込もうとする弊害が、すなわち広義の経済学を狭義の経済学にはめ込むことの無理が否定できない。

もう一つは、公害問題や環境問題は従来の学の枠組みを突破して生じてきているとして、既成の学問体系の枠組みを撤廃し、学の横断的思考、学際的思考を通して、新しい社会経済システムを創造していく潮流である。エコ・エコロジーやエントロピーの経済学などがそれである。二一世紀を生きる私たちは、生命系の世界からみた環境と経済の構築が今ほど重要視される時代はない。本書では、第一の立場を環境問題の経済学的説明原理としながら、第二の立場から市場経済を批判し、生命系の世界からみた環境と経済を重視し、地産地消やため池再発見を拠りどころとしながら、その延長線上に新しい社会経済システムとして「いのちを大切にする社会システム」の創造を課題とし、展開してきた。

この「いのちを大切にする社会システム」の創造は、持続可能な経済を支える再生可能なエネルギーへの転換を前提している。そこで、市場経済から環境経済への転換の鍵を握っている次世代エネルギーの再構築についてみておこう。

再構築は、化石燃料に依存する資源枯渇型エネルギーからの撤退、すなわちガソリン自動車中心の略奪経済の撤退から始めなければならないだろう。これに代わる次世代エネルギーは、資源循環型エネルギーであり、再生可能なエネルギーである。太陽光や地熱、水力や風力などがこれにあたる。現在実用化に向けて開発の進んでいる水素自動車は、$H_2O$（水）を電気分解してできる$H_2$（水素）を燃料にして走る。$H_2$が空気にふれることによって$H_2O$ができ、そのとき発生する電気で走る。その$H_2O$でまた$H_2$が得られるので、この水素自動車は究極の再生・循環可能なエネルギーであり、クリーンなエネルギーである。ここに水素型エネルギー経済の到来が期待される。自動車業界では、水素自動車はほぼ半世紀後には実用化されるのではないかと期待している。この水素型エネルギーを活用し、各家庭に小型の水素発電機を取り付けて、そこから必要とする電力を得ることが可能となる日もそう遠くないかもしれない。水素発電による家庭電化の環境革命が期待される。

この水素型エネルギー経済に加え、再生可能な自然エネルギーである風力発電においてもその期待がかかる。現在急ピッチで建設が進んでいる風力による電力供給は、これまでの石炭や石油で発電される火力発電所が周辺にまき散らす$CO_2$による環境負荷の心配はない。これまで火力発電所から得られる電力の市場価格には、生態学的要因が経済的コストとして内部経済に組み込まれなかった。そのため、環境負荷のコストは計上されず、そのまま生態学的赤字として累積される。この生態学的赤字の行き着く先は、生命系の世界の破壊である。

この危機意識から世界は、ようやく地球全体の温室効果ガスを今世紀半ばまでに半減させなければ危ない、との認識でまとまりはじめた。同時に、世代間の環境倫理の問題にも関心が高まりはじめている。

「環境倫理学」を提唱する加藤尚武によると、そのポイントは①自然の生存権の問題、②世代間倫理の問題、③地球全体主義の三点であるという。(1)①は、近代的自然観の基底に流れる人間中心的自然観の見直し。つまり、人間だけでなく、生物の種、生態系、景観などにも生存の権利があると考え、人間中心主義を否定する。あらゆる生命に尊厳を認めるという思想は、キリスト教的思想にはみられず、仏教や神道など東洋文化の見直しと関連する。②は、今を生きる世代には、未来世代の生存に対して責任がある。環境破壊をもたらし、資源を枯渇させるという行為は、現在世代が加害者になって、未来世代が被害者になるという構造をもっている。③は、地球の生態系は開いた宇宙ではなくて閉じた世界である。この閉じた世界では、利用可能な物質とエネルギーの総量は有限である。

今、人類が直面しているのは、炭素型エネルギー経済から水素型エネルギー経済に移行すること、すなわち資源枯渇型の化石燃料から太陽光、風力、水力、地熱、そして水素などの再生可能なエネルギー源へ移行することである。水素型エネルギー経済への移行によるエネルギーの「脱炭素化」は、とうに始まっていたと文明評論家のジェレミー・リフキンは語っている。「水素は宇宙でもっとも豊富に存在する元素で、宇宙の質量の七五パーセント、構成分子数の九割を占める。動力源としてうまく活用できれば、人類は無限のエネルギー源、すなわち古来、錬金術師も化学者も求められながら得られなかった錬金薬《エリキシル》のエネルギー版を手にしたのも同然だ。見方によっては、……薪が石炭に変わり、石炭が新参の石油に脅かされるという変化が、すでに一世紀足らずのうちに起きていた。やがて必然的に水素へいたるエネルギーの『脱炭素化』は、とうに始まっていたのだ[2]」と。

水から取り出す水素で文明の全エネルギー需要をまかなう未来を一八七四年にSF作家ジュール・ヴェルヌが示唆してから、一二七年後の二〇〇一年に国連開発計画が後援するフォーラムで、二一世紀には、工業化の原動力であった偉大なる化石燃料、石炭、石油、天然ガスが、水素を基盤とするまったく新しいエネルギー体制に道を譲るだろうとの報告がなされた。水素型エネルギーは、いまや夢物語ではない。その実用化に向けて技術水準はもうそこまでやってきている。いわゆる「環境革命」が始まったのである。

私たちの選択の道に中間の道はないだろう。環境破壊的な経済をこのまま進むのか、それとも手遅れになる前に生態学の法則を取り込んだ環境経済学を地産地消の経済学を土台として一刻も早く構築するのか。そのどちらかである。今、選択を間違うと、次世代の生存条件を彼らの了解なしに奪ってしまうことになる。きわめて重大な歴史的選択の岐路に私たちは立たされているのである。

## 2　低炭素型社会とエネルギーの地産地消

一九六一年、ガガーリンが宇宙に初めて飛び立って以来、人類は地球全体を見る目をもった。今、われわれは、宇宙からの目が加速する地球温暖化の姿をとらえた。人類がかつて経験したことのない脅威が、間近に迫っている。南極・北極にあらわれた異変。NASAの科学者は警告する。われわれが温室効果ガスを出しつづければ危険なポイントを超えてしまう。残された時間はあと数年しかない。

彼らは、温暖化を食い止めるための鍵は$CO_2$の削減にあると指摘する。ヨーロッパでは産業革命以来の大転換が始まろうとしている。$CO_2$をつねに意識する新しい価値観が、人びとの暮らしやビジネスを大きく変えようとしている。この転換は人類の生存をかけた挑戦である。経済の仕組みを変えれば$CO_2$の排出を減らしながら経済成長も続けられる社会が実現できる。私たちは地球の危機を乗り越えられるだろうか。

近年、台風やハリケーンの猛威が強まり、甚大な被害をもたらしている。また、猛暑に暖冬、北極・南極の氷床の急激な減少とその減少のスピードアップ。地球は、かつてない気候変動を引き起こしており、小さな変化が突然巨大な変化を引き起こす危険なポイント＝"tipping point"（臨界点）に近づきつつある。この変動が、海や森の許容範囲限度内を超え、近い将来、その臨界点を超える危険性がある。たとえば、海の平均深度は四〇〇〇メートル。その変化が表面にあらわれるのにタイムラグがあるが、ひとたび許容の臨界点を超えると地球温暖化は、一気に地球発熱状態に陥る。

二〇〇八年は、一九九七年に京都議定書で締結した$CO_2$排出量の削減が始まる環境元年である。これまで温暖化の原因は、自然の変動なのか、それとも人為的なものなのか、長年議論が分かれていたが、IPCC（Intergovernmental Panel on Climate Change：気候変動に関する政府間パネル）は、二〇〇七年一一月、第二七回総会における第四次評価報告書において、「二〇世紀半ば以降に観測された全地球平均気温の上昇のほとんどは、人為起源の温室効果ガスの増加によってもたらされた可能性がかなり高い(3)」と断定し、今日の地球温暖化は人間の活動の影響であって、自然現象でないことを明らかにした。裏を返せば、地球温暖化による事態の深刻さとその対策の緊急性が読み取れる。

地球温暖化を防ぐためには、$CO_2$の排出量を一刻も早く減らさなければならない。しかし、具体的にどれだけ減らさなければならないのか。概算すると、人為的に排出される$CO_2$は、七〇億トンに対して自然による吸収量は三〇億トンであるといわれている。差し引き四〇億トンの削減が必要である。イギリス政府の依頼を受けてまとめたスターン・レビュー（気候変動の経済学(4)）によると、このまま対策をとらないで温暖化が進むと洪水や旱魃による世界経済の損失は、世界のGDPの二〇パーセントに達する。これは過去の世界大戦なみの被害額に相当する。一方、温暖化を食い止めるため世界が協力して対策を進めた場合のコストは世界のGDPの一パーセントにすぎない。温暖化対策にかかる費用の方がはるかに低コストであると試算している。これは、市場経済から環境経済への変革を遂行するのにかかる費用より、遂行しなかった場合にそれ以上の費用がかかるという考え方の正統性を裏付けるデータである。

つまり、この温暖化対策にかかるコストは、低炭素型社会を生み、それは経済的メリットを生む。たとえば、ガソリンスタンドで購入するガソリン代は、自動車の排気ガスによって生じる環境へのダメージにはなんらの対価を支払っていないのである。これは、外部不経済はコスト計算しない市場経済の欠陥である。この欠陥を解消するためには、$CO_2$を出す行動から出さない行動へと意識改革をし、$CO_2$に価格をつけることが必要である。すなわち、市場経済から生じた欠陥は、市場経済で解消するということである。具体的には、炭素税の導入や$CO_2$を商品化するということである。スウェーデンでは、すでに炭素税の導入により、ガソリンスタンドでの一リットル当たりのガソリン代は二二五円であるのに対して、エタノールは一五五円である。ガソリンにかかる二〇パーセントの炭素税がエタノールにはかからないので一リットル当たり七〇円も安いのである。

また、都市部では、ガソリン車に渋滞税を一日最大一〇八〇円課税しているが、エコカーは無料である。さらに、エコカーシールをエコカーに貼れば市内の駐車場はどこでも無料で駐車できるのである。

このように、スウェーデンではエタノール車やハイブリッド車等のエコカーに優遇政策をとり、$CO_2$を出さないことが得になる経済政策に踏み切っている。その結果、自動車メーカーにおいてもエコカーは大きなビジネスチャンスとなっている。エコカーを購入すれば消費者に政府から補助金が支給されるので、エコカー市場が好況を得ているからである。かくして、ここでは新車の五台

に一台がエコカーとなっており、二〇一〇年には五〇パーセントがエコカーになるとのことである。(5)

京都議定書では、国と国、企業と企業との間でのCO$_2$の排出権取引も認めた。その仕組みは以下のごとくである。企業は、CO$_2$の排出枠が国から割り当てられ、それを超えた分は削減が義務づけられる。たとえば、A社は排出枠を大幅に下回り、B社は逆に大幅に上回った。この場合、削減枠を超えてしまったB社が、A社の余った排出枠部分を排出権として購入することによって埋め合わせ、A社もB社も削減枠の義務を果たしたことになる。こうして、CO$_2$の排出権が商品化され、売買されることによって、地球温暖化防止対策を進めようという仕組みである。

このCO$_2$の排出権取引は、市場経済の失敗を市場経済で解消する経済政策の一つである。今後、この危機的な環境問題を引き起こした資本主義的市場経済が、果たして、その市場経済によってどれだけ是正され、正常な市場経済に回復できるのかは疑問であるが、手をこまねいているわけにはいかない。危機をチャンスに転化する可能性に期待をかけたい。

また、化石燃料からの脱出を目途として、エネルギーの地産地消の実証研究も始まっている。京都府京丹後市にある京都エコエネルギー研究センターがそれである。森の中に二〇メートルほどのタンクを二つ並べ、食材のくずなどを発酵させるタンクとできたガスを貯めるタンクを設置し、発生したメタンガスで電気をつくるバイオガス発電所である。原料は食品工場などから運ばれる余った食材や食材のくずなどである。

他方、エネルギーの供給と消費の枠組みを集中型から分散型に転換する動きも出てきた。太陽光・バイオガス・風力・燃料電池等は、いずれも分散して開発してこそ力を発揮する。すなわち、分散型エネルギーを基本としている。エネルギーの供給と消費の分散型への転換のモデルとしても京丹後の実証研究は先駆的意味をもつだろうし、その試みが、茨城県つくば市で始まっている。ここでは、大学や研究所、自治体が協力し、「市内の$CO_2$排出を二〇三〇年に半減」との目標を掲げ、分散型の技術で街をまるごとつくり変えようとの試みである。産官学が一体となって、筑波大学や産業技術総合研究所、物質・材料研究機構の研究者らが会合を重ねている。

これら分散型エネルギーは、電力網が未発達の途上国においては開発と地球の脱温暖化が同時に可能となり、期待が膨らむ。言うまでもなく、本書で述べてきた水や食料の地産地消もエネルギーの供給と消費と同様、地域分散型である。まさしく地域循環型の再生可能な資源循環型エネルギーである。産官学の協同技術研究開発によって、脱温暖化型社会、そのための脱炭素型社会実現に向けて、地産地消の学=地元知への期待が膨らむ。

**註**

（1）加藤尚武『環境倫理学のすすめ』丸善ライブラリー、一九九一、一―一二頁

(2)ジェレミー・リフキン『水素エコノミー』芝田裕之訳、NHK出版、二〇〇三、二三七―二三八頁
(3)IPCC第二七回総会(二〇〇七年一一月一二日から一七日、於スペイン・バレンシア)の「気候変動に関する政府間パネル第四次評価報告書」文部科学省・経済産業省・環境省他、二〇〇七年一一月一七日
(4)ニコラス・スターン「スターン報告書・気候変動の経済影響:結論のまとめ」国立環境研究所、二〇〇七、六頁
(5)NHK『地球温暖化に挑む』二〇〇一年一月一日放送

# おわりのはじめ

今、食品偽装事件や中国冷凍ギョーザ事件が社会問題化している。食の安全・安心がにわかにクローズアップされ、地産地消や食料自給の大切さがあらためてメディアをにぎわし、本書を読まなくても時代が本書の内容を語っているように思われる。

フードマイレージが世界一であるわが国の食卓は、輸入食料がストップすればお手上げになる。食材の地産離れ、食生活の地消離れが著しい。遠産遠消である。食の他国への依存の実態が、名実ともに白日のもとにさらされた。そこには、いのちに直結する食品テロの温床がある。

また、ガソリンの高騰や脱石油から石油のバイオエタノールへの切り替えが始まった。それが、ここにきてバイオエタノールの原料となるトウモロコシやサトウキビなどの高騰を誘発し、可処分所得が増えないまま一気に諸物価高騰を招き、生活不安も沸騰しはじめている。いわば、車と人間による、エネルギー源の争奪戦がはじまった。

幸いにもこれまで、生命系の世界を支えてきた農林漁業は、農地、水、漁場、森林、放牧地の維持続可能収量の範囲内の活動を守ってきた。いうまでもなく、耕地の地力や森林再生能力や漁獲量が維持可能収量を超えないかぎり、それらは維持され、永続可能である。この維持によって自然の循環が守られ生命も守られてきた。

しかし、現代文明は、資源の枯渇と人為起源の温室効果ガス（化石燃料）によってモンスター（世界の市場化）が生きる糧を失い、それとともに文明の終焉を迎えつつあるのだろうか。モンスターのあがきと資本主義的市場経済の攪乱が地球の自然システムと衝突し、生態学的赤字が地球的規模で累積し、農林漁業の維持許容量の限界点を超え、臨界点に達しようとしている。

今を生きる私たちは、自然の深い懐によって永年守られてきた持続可能な循環型経済を守り、破局への道を回避しなければ、これから生まれてくる将来世代にたいする犠牲ははかりしれないものになるだろう。

わが国においては、土地の稀少性が高すぎるということから、土地の収益性を高める資源配分から経済の比重を工業に特化し、工業製品の輸出の見返りに食卓は輸入ものが大半を占めるようになった。農業切り捨て政策と同時に輸入食料の氾濫と農業・農村・地域社会の崩壊が始まった。これが一九六〇年代の高度経済成長政策であった。当時の深刻な公害問題や環境問題は、私たちの生活環境を悪化させ、水俣病やイタイイタイ病や喘息などの被害者を続出させるに至った。

その苦い過去の経験から、石油文明、機械文明への幻想から醒めて、工業社会に疑問を抱き、その工業社会のまき散らした汚れを農業が浄化することに気づき、農と環境の原理を基本とした生命系の世界が見直されはじめた。農と食、生産と消費を連結することの大切さが理解されはじめ、地産地消も広まりはじめた。

私の問題意識の原点もそこにある。一九六〇年代の高度経済成長期の真っ只中に山陰から大阪市内の工業地帯に引っ越し、少年時代を農村と都市の両地域で過ごしたことに端を発している。それまで、山陰の美しい海岸や大山や蒜山を見て育った私は、大阪湾の汚れた海と工場から出る煤煙に閉口し、都会に転校することをうらやましがっていた村の同級生に何と便りしていいやら困惑した。一見華やいでみえる都会の裏側を見たような気がした。私には、アスファルトで固められた道やコンクリートで固められた岸壁、それに工場の騒音等で情緒不安をきたし、そのうえ煤煙で気管支を痛め、都会の生活になじめず、自然から遊離した生活の不快が、私の小さな胸に大きく広がっていった。

化学工場から発する悪臭が鼻を傷め、コンクリートの歩道には、二四時間稼動している製鉄工場からの煤煙がたまっており、歩くたびにその煤煙が右に左に飛び散っていた。夕方、家に帰ってタオルで顔を拭くと、白いタオルに黒い手形が残るほど大気は汚れていた。夏がきてもセミの声が聞こえないし、大阪に転校してくる前に自然と覚えた草花の名前も、ほとんど忘れてしまった。山陰の暮らしと大阪の暮らしのギャップから、戸惑った生活が続いた。生まれ育った農村を後にし、緑は少なく、車と工場と人がやたらと目につき、水も空気も汚れた都会に、なぜ出て来なければならなかったのか。開発は何のためになされるのか、進歩・発展とは一体何だったのか。いまだにその答えがわからない。

この少年時代の原体験が、比喩的にいえば、「国栄えて山河なし」の危うさ、つまり、国が栄えても山や川がなくなったら国は滅ぶとの認識のルーツとなったようである。

内橋克人は、『もう一つの日本は可能だ』（光文社、二〇〇三年）の中で、「今の調子でいけば、経済は栄え、その経済の手段と化した人間は滅びる」と警告を発し、滅びないためにも「地域内に自給自足圏を形成していくことが、真の国民的自立を果たす道であり、それがまた生きつづける地球、持続する世界へと軌道修正するための正道であり近道である」と指摘している。本書の内容は、この一語に集約されるかもしれない。

最後に、地産地消の経済学の構築にあたり示唆に富む『共生の大地』（内橋克人著、岩波新書、一九九五年）のはしがきを引用し、おわりのはじめとしよう。

「今日に明日をつなぐ人びとのいとなみが経済なのであり、その営みは、決して他を打ち負かしたり、他におもねったり、他と競り合うことなくしてはなりたちえない、というふうなものでなく、存在のもっと深い奥底で、そのものだけで、いつまでも消えることのない価値高い息吹としてありつづける、それが経済とか生活というものではなかったか。おぞましい競り合いの勝者だけが、経済のなりたちの決め手であるはずもない。」

この本のなるまで、神戸大学名誉教授保田茂先生、九州大学名誉教授栗山純先生に公私ともどもお世話になり、また、多くの先人の研究ならびにいなみ野台地ため池協議会の皆様方の「地元の知」に教えられたことを感謝したい。ことに、兵庫大学ため池研究所の瀧本眞一氏、金子哲氏、上原正和氏、兵庫県東播磨県民局参事の米津良純氏からは貴重な助言と資料をいただいた。厚くお礼申し上げたい。また、出版に際し、新泉社の竹内将彦氏に多大なご尽力をいただいた。深く感謝したい。

二〇〇八年一月

環境元年を迎えて

池本廣希

**著者紹介**


池本廣希（いけもと・ひろき）

兵庫大学経済情報学部教授


専門　環境経済学、農業経済学、食料経済

1947年、鳥取県倉吉市生まれ。

九州大学大学院農政経済学科博士課程単位取得修了。

千歯扱き発案者の末裔。大学院生の頃、保田茂先生に連れ立ってテントを担いで全国の有機農業の実践農家を訪問した。目下、兵庫大学ため池研究員を兼ね、ため池を中心とした地域問題、米問題、環境問題、食の安全・安心の問題等にかかわる。

主な著書　『生命系の経済学を求めて』（新泉社）、『家族・育み・ケアリング』（共著、北樹出版）ほか。


**地産地消の経済学——生命系の世界からみた環境と経済**

2008年５月20日　第１版第１刷発行

著　者＝池本廣希

発　行＝株式会社　新 泉 社

東京都文京区本郷2-5-12

振替・00170-4-160936番　TEL 03(3815)1662／FAX 03(3815)1422

印刷／創栄図書印刷　製本／榎本製本

ISBN978-4-7877-0806-9　C1036